高职高专"十二五"规划教材

# 洁净煤技术

主　编　李桂芬　郭光玲
副主编　霍林桃　肖京昊

北　京

冶金工业出版社

2015

# 内 容 提 要

　　本书系统地阐述了洁净煤技术的基本知识和主要的新工艺、新技术，具体内容包括洁净煤技术的概念、分类、发展方向和作用，煤炭的洁净加工、高效燃烧、洁净转化、非燃料利用等技术，污染物排放控制与废弃物处理技术等。

　　本书既可作为高职院校化工、矿物加工、环境等相关专业教学用书，又可供洁净煤技术领域工程技术人员参考。

**图书在版编目（CIP）数据**

　　洁净煤技术/李桂芬，郭光玲主编 . —北京：冶金工业出版社，2015.5

　　高职高专"十二五"规划教材

　　ISBN 978-7-5024-6907-8

　　Ⅰ . ①洁…　Ⅱ . ①李…　②郭…　Ⅲ . ①清洁煤—技术—高等职业教育—教材　Ⅳ . ①TD942

　　中国版本图书馆 CIP 数据核字（2015）第 080236 号

出 版 人　谭学余
地　　址　北京市东城区嵩祝院北巷 39 号　邮编　100009　电话　（010）64027926
网　　址　www. cnmip. com. cn　电子信箱　yjcbs@ cnmip. com. cn
责任编辑　陈慰萍　美术编辑　吕欣童　版式设计　葛新霞
责任校对　王永欣　责任印制　李玉山
ISBN 978-7-5024-6907-8
冶金工业出版社出版发行；各地新华书店经销；北京百善印刷厂印刷
2015 年 5 月第 1 版，2015 年 5 月第 1 次印刷
787mm×1092mm　1/16；9.5 印张；227 千字；142 页
**30.00 元**

冶金工业出版社　投稿电话　（010）64027932　投稿信箱　tougao@ cnmip. com. cn
冶金工业出版社营销中心　电话　（010）64044283　传真　（010）64027893
冶金书店　地址　北京市东四西大街 46 号（100010）　电话　（010）65289081（兼传真）
冶金工业出版社天猫旗舰店　yjgycbs. tmall. com
（本书如有印装质量问题，本社营销中心负责退换）

# 前　言

目前，环境、资源和能源三者的关系，已成为制约世界经济和社会发展的关键因素，影响人类社会的进步与发展。随着世界各国低碳经济的快速发展，洁净煤技术发挥着越来越重要的作用，已上升为影响国家安全及可持续发展的重点技术。一方面，我国正处在工业化快速发展阶段，对能源的需求不断增加；另一方面，我国富煤贫油，煤炭产量和消费量位居世界第一，以煤为主的能源状况在未来相当长时间内不会改变。因此，应该大力发展洁净煤技术，提高煤炭资源的合理开发利用，以减少因煤炭开发利用造成的污染。

为适应洁净煤技术的迅速发展，编写一本既能系统包含洁净煤技术基本知识、概念和方法，同时又能反映其最新工艺技术的教材，是适应洁净煤技术高级人才培养的需要。

本书根据高职教育的特点，按照内容逻辑关系分成7章编写。各章情况如下：

第1章，由七台河职业学院李桂芬编写，主要介绍洁净煤技术的概念、分类、发展方向和作用等内容。

第2章，由七台河职业学院李桂芬和黑龙江工业学院孙景丹编写，其中李桂芬编写第2.1.7、2.2、2.4节、孙景丹编写第2.1.1～2.1.6、2.3节，主要介绍选煤技术、型煤技术、配煤技术、水煤浆技术等内容。

第3章，由云南能源职业技术学院郭光玲编写，主要介绍粉煤燃烧及先进的燃烧器、煤炭热解技术、循环流化床燃烧、整体煤气化联合循环发电等内容。

第4章，由包头轻工职业技术学院霍林桃编写，主要介绍煤炭液化和燃料电池的相关内容。

第5章，由内蒙古科技大学王嘉慧编写，主要介绍烟气的净化技术、煤层气的开发利用、煤矸石综合利用、粉煤灰和煤泥的综合利用技术等内容。

第6章，由内蒙古科技大学肖京昊编写，主要介绍煤制活性炭技术及其他炭基材料的相关内容。

　　第7章，由包头轻工职业技术学院霍林桃和内蒙古科技大学肖京昊编写，其中霍林桃编写第7.1节，肖京昊编写第7.2节，主要介绍煤炭清洁开采技术的途径与措施。

　　各章后附有习题（包括名词解释、简答题、技能操作），学生可根据需要选用。

　　本书在编写过程中参考了许多专家学者的文献、研究成果，在此对文献的作者表示崇高的敬意和衷心的感谢。

　　由于洁净煤技术的发展速度很快，所涉及的知识、领域也很广，同时由于编者的学识和能力有限，书中不妥之处，恳请广大读者批评指正。

编　者

2015 年 2 月

# 目　录

# 1 绪 论

能源是推动经济和社会发展的重要物质基础，煤炭、石油、天然气均称为化石能源。其中，煤炭是地球上蕴藏最丰富的化石燃料资源，长期以来一直占据着世界一次能源生产和消费领域的重要位置。但煤炭在开采、开发和利用过程中，会对环境造成严重的污染及影响。因此，从社会发展的客观需要出发，迫切需要实现煤的高效、清洁加工和综合利用。

## 1.1 洁净煤技术的概念及内容

洁净煤技术（Clean Coal Technology，CCT）是煤炭高效和洁净开发、加工、燃烧、转化及污染控制技术的总称。洁净煤（Clean Coal）一词是 1985 年由美国和加拿大关于解决两国边境酸雨问题谈判的特使德鲁·刘易斯（Drew Lewis）和威廉姆·戴维斯（William Davis）提出的。

洁净煤技术是以煤炭分选为源头，以煤炭气化为先导，以煤炭高效、洁净燃烧和洁净煤发电为核心的技术体系。其根本目标就是要减少环境污染和提高煤炭利用效率，主要包括煤炭分选、加工（型煤、水煤浆）、转化（煤炭气化、液化、热解）、先进发电技术（常压循环流化床、加压流化床、整体煤气化联合循环）、烟气净化（除尘、脱硫、脱氮）、矿区环境治理与综合利用等技术领域，开展燃煤高参数超 700℃超超临界发电整体热力系统优化、以近零排放 IGCC（煤气化联合循环发电）为目标的富氢燃烧和富氢燃机的材料和制造技术基础研究。

## 1.2 洁净煤技术的发展现状及方向

煤炭开采、加工和转化利用的关键问题主要包括两方面：一是煤炭在开采中甲烷（又称煤层瓦斯或煤层气）气体的大量排放，甲烷是仅次于二氧化碳占第二位的重要温室气体，但其效能是二氧化碳的数十倍；二是煤炭燃烧及洁净煤转化技术过程中产生大量的二氧化碳，二氧化碳在大气中滞留的时间超过两百年，对环境的影响在几百年内逐渐显现。因此，煤炭开采过程中低浓度甲烷气体的高效转化与利用、传统洁净煤技术的更新升级、实现零排放是目前洁净煤技术开发研究的关键。

2002 年美国在"洁净煤技术示范计划"基础上提出洁净煤发电计划，其目的是促进低成本、高效、先进的洁净煤技术在美国现有和新建电厂中的商业应用，为未来近零排放能源系统提供技术支持。2003 年，美国能源部又进一步提出未来电厂计划，由政府部门与私营机构及国际组织共同投资 10 亿美元，在 5 年内完成设计并建造一座零排放的煤基发电厂。未来电厂技术可以使燃煤电厂效率提高到 60% 或更高，差不多是传统燃煤电厂效率的 2 倍。

英国的《能源白皮书》明确提出，要把电厂的洁净煤技术作为研究开发的重点。德国在选煤、型煤加工、煤炭气化和循环流化床燃烧技术、煤气化联合循环发电、烟气脱硫技术等方面取得了很大进步。在欧盟的支持下，荷兰和西班牙分别于 1994 年和 1997 年建成了两座 IGCC 电站，示范电站所采用的技术也全部来自欧盟国家。2004 年，欧盟在"第六框架计划"中，启动了名为 HYPOGEN 的计划，其目标是开发以煤气化为基础的发电、制氢、二氧化碳分离和处理的煤基发电系统，实现煤炭发电的近零排放。欧共体国家正在研究开发的项目有 IGCC、煤和生物质及废弃物联合气化（或燃烧）、循环流化床燃烧、固体燃料气化与燃料电池联合循环技术等。

日本的洁净煤技术开发从内容上分为两部分：一是提高热效率、降低废气排放，如流化床燃烧、煤气化联合循环发电及煤气化燃料电池联合发电技术等；二是进行煤炭燃烧前后净化，包括燃前处理、燃烧过程中及燃后烟道气的脱硫脱氮、煤炭的有效利用等。日本在 2002 年的"21 世纪煤炭计划"中，提出到 2030 年前分三个阶段研究开发先进发电、高效燃烧、脱硫脱氮和降低烟尘、利用煤气的燃料电池、煤炭制造二甲醚和甲醇、水煤浆、煤炭液化和煤炭气化等洁净煤技术。2004 年日本又在"煤炭清洁能源循环体系"中，提出了以煤炭气化为核心，同时生产电力、氢和液体燃料等多种产品，并对二氧化碳进行分离和封存的煤基能源系统，并在"面向 2030 年的新日本煤炭政策"中明确将此技术作为未来煤基近零排放的战略技术和实现循环型社会和氢能经济的产业化技术。

我国结合自身实际情况，提出了新一代洁净煤技术优先发展的领域（见表 1-1）。发展洁净煤技术的主要目标有三：一是全过程减排污染物，重点是减排 $SO_2$、总悬浮颗粒物（TSP）及 $NO_x$；二是提高煤炭利用效率，节约煤炭，减排 $CO_2$；三是强化煤炭转化，改善能源终端消费结构，实现煤炭低碳化利用，促进能源安全问题的解决。2012 年，科技部组织编制了《洁净煤技术科技发展"十二五"专项规划》，《规划》共部署了四个洁净煤的重点方向：高效洁净燃煤发电、先进煤转化、先进节能技术、污染物控制及二氧化碳捕集与封存和资源化利用技术。

**表 1-1　我国新一代洁净煤技术优先发展领域**

| 技术领域 | 应用过程 | 技术类别 | 关键技术与优先领域 |
|---|---|---|---|
| 煤炭深度加工与净化 | 煤炭利用前 | 选煤、型煤、配煤、水煤浆 | 干法选煤技术、浮选柱、惰质组分分离富集方法等，气化型煤、焦化型煤等，劣质煤提质改性、水煤浆技术 |
| 煤炭清洁燃烧及先进发电 | 煤炭燃烧中 | 循环流化床超临界气化发电、IGCC | 大型化，推广应用，新型高效气化技术 |
| 煤炭转化 | 煤炭利用中 | 焦化、气化、液化、制氢、煤化工 | 弱黏结煤大规模焦化试验，低灰熔融性煤的气化技术，提高液体转化率、优化油品组成，提高煤的转化率和氢气产率 |
| 煤利用过程中的污染物控制 | 加工转化中燃烧后控制 | 废渣、废水和废气治理，烟气后处理 | 先进的治理与回收技术，节水型高效脱硫、脱硝、脱 VOC 技术，高效除尘装置开发和应用 |
| 固体废弃物资源化利用 | 开采和加工过程及使用后 | 共伴生矿产综合利用，煤矸石综合利用，灰、渣综合利用 | 包括煤层气的抽气和综合利用，提取有益矿产、材料化利用，材料回收与加工利用 |

## 1.3　发展洁净煤技术的必要性及作用

当前我国能源领域面临能源安全、国际竞争和能源环境三大问题的严峻挑战，进行能源结构的调整势在必行。我国富煤贫油，以煤为主的能源结构带来不断严重的环境污染，已成为许多地区经济发展和社会进步的严重障碍，影响了社会经济的可持续发展。尽管相当长时期内难以改变我国一次能源以煤为主的格局，但通过转化使终端能源结构实现高效洁净利用是大有可为的。为确保未来大气污染排放量不超标，必须强化节能和大力发展以煤炭高效洁净利用为宗旨的洁净煤技术。根据我国资源条件及现阶段能源科技水平，采用洁净煤技术实施煤炭开采与利用全过程减灰、脱硫和改善终端能源消费结构，保护生态环境，发展洁净能源，建立现代能源系统，是实现我国社会与经济可持续发展的现实选择。

煤炭是我国的基础能源，洁净煤技术是实现煤炭可靠、廉价和洁净利用的重要技术。在我国能源资源、经济水平等决定以煤为主的能源消费结构在未来 20～30 年内不会发生根本性改变的情况下，大力发展洁净煤技术、实行全过程污染控制，是保证社会经济快速发展、大气环境得到有效改善、能源效率得到有效提高、保证国家能源安全和实现环保目标的唯一选择。

采用煤炭加工技术，可有效减少原料煤的含灰和含硫量，实现燃烧前脱硫降灰。例如，采用先进选煤技术可降低原煤灰分 50%～80%，脱除黄铁矿硫 60%～85%，可大量减少煤炭无效运输；电厂和工业锅炉燃用分选煤，可提高热效率 3%～8%；用户燃用固硫型煤，不仅可减少 30%～40% 的 $SO_2$ 排放，减少 70%～90% 的烟尘，还可节煤 15%～27%。采用先进的煤炭燃烧技术，可有效提高燃烧效率，实现燃烧中脱硫。采用先进的工业锅炉技术，可提高锅炉热效率 20% 以上。采用循环流化床燃烧劣质煤，效率可达 95% 以上，炉内脱硫率可达 85% 以上。采用煤炭气化和液化等转化技术，可将煤炭转化为清洁的低碳气体和液化燃料，保障国家优质能源的安全使用。采用烟气净化技术可实现燃烧后脱硫，脱硫率达 90% 以上。采用矿区生态环境技术，可有效减少煤炭开采带来的矸石和水、气等污染，有效改善矿区环境，实现资源综合利用。

我国资源条件和现有经济条件还不足以支撑大规模利用油和气作为一次能源。发展洁净煤技术，在充分利用我国丰富煤炭资源的前提下，不仅可解决环境污染问题，也可将煤炭转化为清洁的油、气等清洁燃料和化学品，这在相当程度上可以缓解我国石油、天然气供应不足的问题，保障国家的能源安全。发展洁净煤技术对于改善终端能源结构，形成循环经济的产业链，实现能源、经济、环境的协调发展，保障高效、清洁的能源供应将起到相当重要的作用，是现有经济条件下实现可持续发展的必然选择。

习　题

1-1　洁净煤技术包括哪些内容？

1-2　简述发展洁净煤技术的必要性和作用。

# 2 煤炭的洁净加工技术

## 2.1 选煤技术

### 2.1.1 概述

选煤是利用煤炭与其他矿物质物理和化学性质的不同，用机械方法除去原煤中的杂质，把它分成不同质量、规格产品的加工过程。

煤炭在开采过程中不可避免地混入一些杂质，如顶板和地板的岩石以及其他杂质。随着机械化开采，粉煤量增加等情况的变化，煤的成分和质量会有所变化。由于地质条件的不同或改变，煤中的灰分、水分和煤矸石可能增多；某些矿区煤种的硫含量较多（高硫煤），燃烧时可能造成大气污染等。为了提高煤炭的质量和满足不同的要求，煤炭在加工利用之前进行洗选具有重要意义。选煤的目的是：

（1）将煤炭按不同质量、规格分类，以满足不同设备的要求，避免降低设备的效率，使煤炭得到合理的利用；

（2）提高煤炭的质量，降低煤中灰分和硫分的含量，以减少利用过程中对环境的污染；

（3）集中除去煤矸石，不但可以减少运输的消耗，同时也为煤矸石的利用创造条件。

选煤方法有多种，见表 2-1，按照分选过程是否用水（或重悬浮液）作介质，可分为湿法和干法两大类；按照分选原理不同，可分为重力选、离心力选、浮游选、特殊选等；按照分选设备工作原理不同，可分为跳汰选、重介质选、溜槽选、摇床选等。重选是应用最广的选煤方法，尤以湿法重选最为常见。跳汰选在湿法重选中出现最早且仍是现在主要选煤方法之一，适宜于处理易选及中等可选的煤炭；重介质是分选效率最高的选煤方法，已为广泛应用，适用于处理难选煤；溜槽选是古老的选煤方法，近年较少应用。

表 2-1 选煤方法分类

| 选煤方法 | | | 工艺流程 | 适用可选性 | 分选效果 | 备 注 |
|---|---|---|---|---|---|---|
| 湿法 | 重力选 | 跳汰选 定筛跳汰 | 较复杂 | 各种煤 | 较好 | 用水较多 |
| | | 动筛跳汰 | 简单 | 各种煤 | 好 | 用水较少 |
| | | 重介质选 | 复杂 | 各种煤 | 好 | 用重介质 |
| | | 自生介质选煤 | 简单 | 易选至中等 | 较好 | 自身介质 |
| | | 溜槽选 | 简单 | 易选 | 中 | |
| | | 斜槽选 | 较简单 | 易选 | 中 | 耗水特大 |
| | | 摇床选 | 简单 | 易选 | 中 | 脱硫效果好 |
| | | 滚筒选 | 较简单 | 易选 | 好 | 用水电少 |
| | 离心力选 | 重介质旋流器选 | 简单 | 各种煤 | 好 | 用重介质 |
| | | 水介质旋流器选 | 简单 | 易选 | 较低 | 固液比 1:5 |
| | | 螺旋槽选 | 简单 | 易选 | 中 | 入料质量分数 27%～35% |
| | | 离心摇床选 | 简单 | 易选 | 较好 | 处理量小 |

| | 选煤方法 | 工艺流程 | 适用可选性 | 分选效果 | 备 注 |
|---|---|---|---|---|---|
| 湿法 | 浮选 | 复杂 | 煤泥 | 好 | |
| | 特殊选——油团选、高梯度磁选 | 复杂 | 高度脱灰、脱硫 | 好 | |
| 干法 | 复合式风选 | 简单 | 易选至较难 | 中 | 自身介质、外在水分低 |
| | 空气重介质流化床选 | 较复杂 | 易选至难选 | 好 | 加重介质 |
| | 选择性破碎选 | 简单 | 煤、矸可碎性差异大 | 低 | |
| | 特殊选 电力拣矸、摩擦选、放射线拣矸、弹力选 | 简单 | 排矸 | 中 | 外在水分低 |
| | 静电选 | 简单 | 脱硫 | 好 | 外在水分低 |

不同选煤方法适用于不同颗粒煤的分选。动筛跳汰和重介质分选机可处理粒度为13~400mm 粒级的块煤;定筛跳汰可分选0.5~100mm 的宽分级或不分级原煤;重介质旋流器适于处理0.5~13mm 粒级的末煤,但近年来有将给料粒度扩大到80mm 的实例;浮选法适于处理0~0.5mm 的煤泥。在重选和浮选之间,可用水介质旋流器、螺旋分选机、干扰床分选机或摇床搭接,处理0.5~3mm 粒级的粗煤泥。

### 2.1.2 跳汰选煤

在垂直脉动的介质中按颗粒密度差别进行选煤的过程称为跳汰选煤。跳汰选煤所用的介质为水或空气,个别也用重悬浮液。以水作分选介质的称为水力跳汰,以空气作分选介质的称为风力跳汰,以重悬浮液作分选介质的称为重介跳汰。选煤生产中,以水力跳汰用得最多。

#### 2.1.2.1 跳汰选煤原理

跳汰分选分层过程如图2-1所示。跳汰分选时,粒子在垂直脉冲运动的介质流中按密度分层,结果不同密度的粒子群在高度上占据不同的位置,大密度的粒子群位于下层,小密度的粒子群位于上层,从而实现分离的目的。

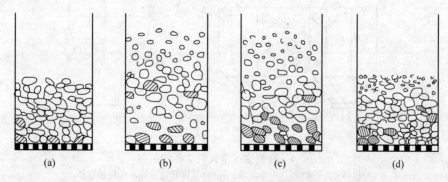

图2-1 颗粒在跳汰时的分层过程

(a) 分层前颗粒混杂堆积;(b) 上升水流将床层抬起;(c) 颗粒在水流中沉降分层;

(d) 下降水流,床层紧密,重颗粒进入底层

#### 2.1.2.2　跳汰选煤设备

选煤常用的跳汰机种类繁多,按产生脉动水流的动力源的不同,可分为活塞跳汰机、无活塞跳汰机和隔膜跳汰机。

活塞跳汰机是依靠偏心轮带动的活塞进行上下往复的周期运动,无活塞跳汰机中水流的脉动是依靠压缩空气交替进入和排出空气室来完成的。在无活塞跳汰机中,按压缩空气进出的风阀形式,分为立式风阀跳汰机和卧式风阀跳汰机;按风室的布置位置,分为筛侧空气室式跳汰机(鲍姆跳汰机)与筛下空气室式跳汰机(高桑跳汰机);按筛板是否移动,又分为定筛跳汰机和动筛跳汰机。定筛跳汰是传统选煤法,是我国跳汰选煤的主要设备,目前工业上应用最多的是筛侧空气室式和筛下空气室式跳汰机。

A　筛侧空气室式跳汰机

筛侧空气室式跳汰机是目前我国选煤厂应用最多的跳汰机。根据结构与用途不同,它可以分为不分级煤用跳汰机、块煤跳汰机和末煤跳汰机三种系列。WT系列有块煤跳汰机(WT-8K、WT-10K)和末煤跳汰机(WT-10M、WT-16M)各两种,末煤跳汰机也可用作不分级煤(0~50mm)混合入选用。LTW系列中有LTW-M12.6和LTW-15两种末煤跳汰机。

筛侧空气室式跳汰机的基本结构如图2-2所示。跳汰机的机体1被纵向隔板分为相通的空气室12和跳汰室11两部分。在右侧跳汰室中铺有筛板,煤就在筛板上进行分选。左侧是一个密闭的空气室。在它上部装有风阀2,风阀由管子与供风系统相连,它能够交替地导入和排出压缩空气。当压缩空气进入空气室时,空气室内的水被压向跳汰室,因而跳汰室中形成上升水流;当压缩空气被排出时,水自然往回流动,此时跳汰室中形成下降水流。由于风阀连续不断交替地向空气室导入和排出压缩空气,因此在跳汰室中就产生透过筛板上下跳动的脉动水流。顶水从空气室下部的筛下水管进入,补充洗水并改变跳汰机水流特性,使物料在跳汰室中进行松散、分层。

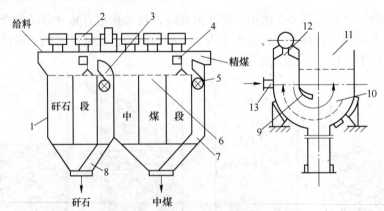

图 2-2　筛侧空气室式跳汰机的结构

1—机体;2—风阀;3—溢流堰;4—自动排矸装置的浮标传感器;
5—排矸轮;6—筛板;7—排中煤道;8—排矸道;9—分隔板;
10—脉动水流;11—跳汰室;12—空气室;13—顶水进水管

在跳汰室中,各密度层的分布如图2-3所示。

在筛板上已经按密度分层的煤和矸石，受到冲水的作用，逐渐移向跳汰机的排料端，到达矸石段的排料闸门，矸石就经闸门排入机箱内，由矸石提升斗排到机外。上层的精煤和中煤则越过溢流堰，进入跳汰机的第二段（中煤段）。在中煤段，中煤和精煤在脉动水流作用下继续分层，并不断向排料端移动，到达中煤的排料闸门，中煤又经闸门排入中煤段的机箱内，由中煤提升斗排到机外，而精煤则越过中煤段的溢流堰随水流排出跳汰机，经溜槽送脱水筛脱水。

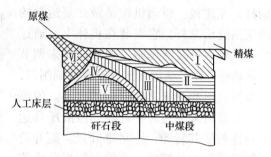

图 2-3　各密度层在跳汰室中的分布
Ⅰ—精煤；Ⅱ—精煤与中煤；Ⅲ—中煤；
Ⅳ—中煤和矸石；Ⅴ—矸石；Ⅵ—原煤

筛侧空气室式跳汰机还有 CT 型和 BM 型，它们处理量小，适合中、小型选煤厂配套使用。

B　筛下空气室式跳汰机

图 2-4 所示为筛下空气室式跳汰机结构。筛下空气室式跳汰机除了把空气室移到筛板下面外，其他部分与筛侧空气室式跳汰机结构基本相同。筛下空气室式跳汰机与筛侧空气室式跳汰机比较，具有结构紧凑、重量轻、占地面积小、分选效果好、水流沿筛面横向分布均匀且易于实现大型化的优点。目前许多国家都在制造和使用这种机器。

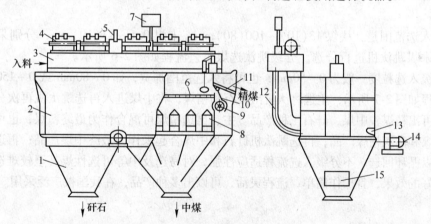

图 2-4　筛下空气室式跳汰机
1—下机体；2—上机体；3—风水包；4—风阀；5—风阀传动装置；6—筛板；
7—水位灯光指示器；8—空气室；9—排料装置；10—中煤段护板；11—溢流堰盖板；
12—水管；13—水位接点；14—排料装置电动机；15—检查孔

C　动筛跳汰机

动筛跳汰选煤虽然是一种古老的选煤方法，但近年来随着生产技术的发展和块煤排矸的需要，应用越来越广泛，可代替重介质排矸、选择破碎和手选，也可用于动力配煤、块煤的分选。

动筛跳汰机由盛水的机体、带筛板的筛箱、驱动机构和排料机构等组成，如图 2-5 所示。筛板装在筛箱底部，筛箱的排料端铰接在固定轴上，入料端与驱动机构（液压缸或曲

柄杆）相连接。驱动机构是做往复运动的
液压油缸活塞杆，它安装在机体上，通过
外接电控系统及液压站上的液压阀来调节
其运动特性。溢流堰下前方安有可调闸门，
调节溢流堰和筛板之间开口的大小。溢流
堰下方筛板末端装有排矸轮，由液压马达
通过链条使其转动，控制排矸量。提升轮
用隔板分为前后两段，每段用筛板分成若
干小格，以捞取煤和矸石，卸入溜槽。

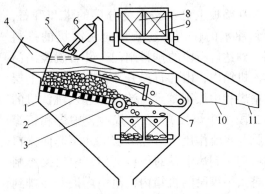

图 2-5　动筛跳汰机
1—机体；2—筛板；3—排矸轮；4—入料溜槽；
5—颚板；6—液压缸；7—溢流堰；
8，9—矸石和煤提升轮；10，11—矸石和煤溜槽

　　动筛跳汰机适用于处理 25（13）~ 400mm 级块煤，是块煤排矸和动力煤分选的一种理想设备。它具有处理粒度大、级配宽、单位面积处理量大、设备结构紧凑、工艺简单、循环水用量少（吨煤循环水量为 $0.3m^3$）、分选精度高（分选效率达 95% ~ 98%）、基建投资少、自动化程度高、营运费用低等优点。

### 2.1.2.3　跳汰选煤的工艺流程

　　跳汰选煤流程分为分级入选流程和不分级入选流程两类。我国多数采用不分级入选流程。

　　分级入选范围是：块煤 13（10）~ 100（80）mm、末煤 0.5 ~ 13（10）mm，分别采用块煤跳汰机和末煤跳汰机进行分选。分级跳汰选煤工艺流程如图 2-6 所示。

　　不分级入选粒度一般为 0 ~ 50mm，也可将入选范围加宽，如 0 ~ 80mm 或 0 ~ 150mm 等。其工艺流程如图 2-7 所示，主选跳汰机出矸石和精煤，将中煤进入再选跳汰机再次分选。再选跳汰机可出精煤、中煤、矸石三种产品。主、再选精煤可混合作为最终精煤，也可分别成为低灰精煤和高灰精煤产品；再选跳汰机矸石和中煤合起来作为最终中煤产品；再选跳汰机中煤也可以循环回选。不分级入选流程适应性强，对易选及中等可选性煤甚至较难选煤都可以获得较好的效果，且操作简单，流程灵活，可以出多种产品，在我国被广泛采用。

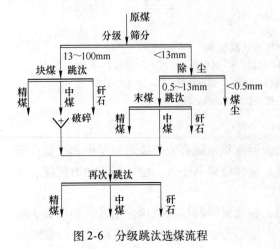

图 2-6　分级跳汰选煤流程

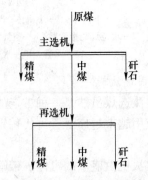

图 2-7　不分级跳汰选煤流程

### 2.1.3 重介质选煤

重介质是指密度大于 $1g/cm^3$ 的重液或重悬浮液流体。重介质选煤是指矿粒在密度介于煤和矸石之间的重介质中进行分选的过程。

#### 2.1.3.1 重介质选煤的基本原理

重介质选煤的基本原理是阿基米德原理，即浸没在重介质的颗粒受到的浮力等于颗粒排开的同体积的介质重量。选用合适密度的重介质，使煤的密度小于重介质密度成为浮物，矸石和灰分的密度大于重介质密度成为沉物，完成分选工作。

当原煤的粒度较小以及精煤与矸石的密度差异较小时，采用离心分离。

重介质选煤一般都分级入选。分选块煤在重力作用下用重介质分选机进行；分选末煤在离心力作用下在重介质旋流器中进行。在重介质分选机中，用悬浮液流和刮板或提升轮分别把浮物和沉物排出，分选过程如图 2-8 所示。

重介质旋流器选煤是利用阿基米德原理在离心力场中完成的。其分选过程如图 2-9 所示。物料和悬浮液以一定压力沿切线方向给入旋流器形成强有力的旋涡流。液流从入料口开始沿旋流器内壁形成一个下降的外螺旋流；在旋流器轴心附近形成一股上升的内螺旋流。旋流器由于内螺旋流具有负压而吸入空气，在旋流器轴心形成空气柱。入料中的精煤随内螺旋流向上，从溢流口排出；矸石随外螺旋流向下，从底流口排出。

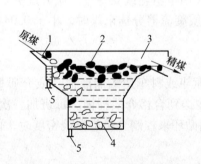

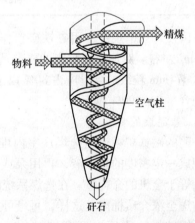

图 2-8　重介质分选机选煤示意

1—分选槽给料部分；2—分选槽流动区；

3—浮物排出区；4—沉物排出区；

5—水平液流和上升液流给入口

图 2-9　重介质旋流器选煤示意

在旋流器中，离心力可比重力大几倍到几十倍，因而大大加快了末煤的分选速度并改善了分选效果。

#### 2.1.3.2 重介质悬浮液

**A　加重质的选择**

重介质选煤用的重悬浮液是细磨的高密度固体微粒与水的混合物。高密度固体微粒起加大介质密度的作用，所以称为加重质。工业上可以采用的加重质有磁铁矿、重晶石、黄铁矿、沙子、黄土、浮选尾煤等。生产中用得最多的是磁铁矿粉。

以磁铁矿粉作为加重质时，对其粒度的组成有特定的要求。依据国内现有的设备及磁铁矿粉生产基地的情况，磁铁矿粉粒度分为 4 级，见表 2-2。

表 2-2　选煤用磁铁矿粉规格

| 国内级别 | | 1（特粗） | 2（粗） | 3（细） | 4（特细） |
|---|---|---|---|---|---|
| 国外级别 | | 德国第 1 大类 | 前苏联 K. M. T 类 | 美国 E 级 | 美国 F 级 |
| 真密度/g·cm$^{-3}$ | | >4.7 | >4.3 | >4.3 | >4.3 |
| 磁性物含量/% | | >95 | >90 | >90 | >90 |
| 粒度组成 /% | >150μm | <15 | <10 | 6 | 0 |
| | <40μm | >40 | <40~70 | 80~90 | 90~100 |
| | <5μm | — | — | 10 | 15~20 |
| 应用范围 | | （1）分选介质密度大于 1.9g/cm$^3$，分选粒度大于 13mm 的重介质分选；（2）下降流块煤分选机 | （1）分选介质密度为 1.3~1.9g/cm$^3$，分选粒度大于 8mm 的重介质分选；（2）三产品重介质旋流器 | 分选介质密度为 1.3~1.7g/cm$^3$ 的 DSM 旋流器 | （1）悬浮液密度小于 1.3g/cm$^3$，分选粒度大于 0.5mm 重介质旋流器；（2）不脱泥的重介质旋流器 |

我国设计规范规定，用磁铁矿粉作加重质时，其磁性物含量应在 95% 以上，密度在 4.5g/cm$^3$ 左右。对加重质粒度的要求是，分选块煤（用于斜轮或立轮重介质分选机）时，小于 0.074mm 粒级的含量应占 80% 以上；用于重介质旋流器分选末煤时，小于 0.044mm 粒级的含量应占 90% 以上。

B　悬浮液的制备

外购的磁铁矿粉运至选煤厂室内堆放场后，用抓斗或料车送入储液桶（或介质桶），加水配成一定密度的悬浮液，再用泵或空气提升器输送到合格介质桶内。每班加一次时，加入量等于全班的介耗量。在选煤系统中用浓介质桶循环来控制合格悬浮液密度时，也可直接输送至浓介质桶内。这样，每班可加若干次。

磁铁矿粉需要厂内再磨细时，应单独设置磨矿车间或系统。图 2-10 所示为间断式球磨系统。球磨机的处理能力为磁铁矿粉每小时消耗量的 3 倍；漏斗应能容纳 3 h 的介耗量；清水量随磨矿浓度而定，一般可按混合后悬浮液的浓度为 2000~2100kg/m$^3$ 算出。漏斗内的磁铁矿粉与一定量的清水加入球磨机后，磨 1.5~2h，磨好的悬浮液可直接加入浓介质桶或合格介质桶。

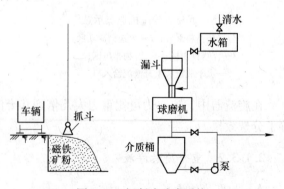

图 2-10　间断式球磨系统

### 2.1.3.3 重介质选煤设备

在重力场中实现重介质选煤的设备称为重介质分选机。其分类方法见表 2-3。目前我国应用最多的是斜轮重介质分选机，其次是立轮重介质分选机，浅槽式重介质分选机亦有应用。

**表 2-3 重介质分选机的分类**

| 分 类 特 征 | 分 选 机 类 型 |
| --- | --- |
| 分选后产品品种 | 两产品分选机 |
| | 三产品分选机 |
| 悬浮液流动方向 | 水平液流分选机 |
| | 垂直液流分选机（上升流或下降流） |
| | 复合液流分选机（水平＋上升/下降流） |
| 分选槽形式 | 深槽分选机 |
| | 浅槽分选机 |
| 排矸装置形式 | 提升轮分选机（斜轮、立轮） |
| | 刮板分选机 |
| | 圆筒分选机 |
| | 空气提升式分选机 |

**A 块煤重介质分选机**

块煤重介质分选使用最多的设备有斜轮重介质分选机和立轮重介质分选机，其分选的粒度上限通常为 300mm，最大可达 1200mm；粒度下限达 6mm，但以 13mm 为多。6mm 或 13mm以下的末煤分选一般采用离心力场来强化其分选过程，其设备主要采用重介质旋流器。

**a 斜轮重介质分选机**

斜轮重介质分选机结构如图 2-11 所示，该分选机是由分选槽 1、斜提升轮 2、排煤轮

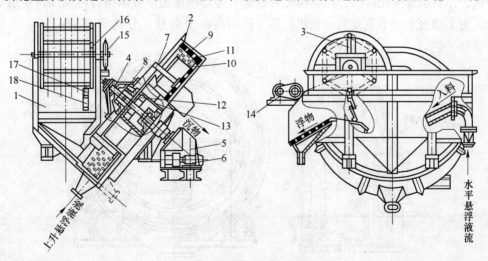

图 2-11 斜轮重介质分选机
1—分选槽；2—斜提升轮；3—排煤轮；4—提升轮轴；5—减速机；6，14—电动机；7—提升轮骨架；
8—转轮盖；9—立筛板；10—筛底；11—叶板；12—支座；13—轴承座；
15—链轮；16—骨架；17—橡胶带；18—重锤

3 等部件组成。该分选机在给料端下部位于分选带的高度引入水平介质流,在分选槽底部引入上升介质流,从而形成水平和上升介质流。水平介质流不断给入分选带补充合格悬浮液,防止分选带密度降低。上升介质流造成微弱的上升水速,防止悬浮液沉淀。水平和上升介质流使分选槽中悬浮液的密度保持稳定均匀,并形成水平流运输浮物。原料煤进入分选机后按密度分为浮物和沉物两部分。浮物由水平流运输至溢流堰被排煤轮 3 刮出,经固定筛一次脱介后进入下一脱水脱介作业;沉物下沉至分选槽底部由提升轮的叶板 11 提升至排料口排出。沉物在提升过程中也进行了一次脱介。

斜轮重介质分选机的分选槽面可以做得比较开阔,斜提升轮直径可达到 8m 或更大,分选粒度上限可达1000mm。由于浮物采用排煤轮的重锤拨动排放,所以被煤带走的悬浮液量少,所需悬浮液的循环量低 [按入料量计算为 $0.7 \sim 1.0\text{m}^3/(\text{t}\cdot\text{h})$]。目前我国选煤厂使用的最大规格的斜轮分选机是 LZX-14 型,槽宽4m,在抚顺西露天矿选煤厂用来分选 $13 \sim 300\text{mm}$ 的块煤,可能偏差 $E$ 值为 $0.04\text{g}/\text{cm}^3$,数量效率为95.94%。

b  立轮重介质分选机

立轮重介质分选机的主要部件是提升轮和分选槽。各种型号的立轮重介质分选机结构大体相同,只是提升轮的传动方式不同。例如,我国的 JL 型立轮重介质分选机提升轮采用棒齿圈传动;德国的 TESKA 型立轮重介质分选机提升轮采用链轮链条传动;波兰的DISA 型立轮重介质分选机提升轮采用悬挂式胶带传动。

立轮重介质分选机与斜轮重介质分选机的工作原理基本相同,其差别仅在于分选槽槽体形式和排矸轮安放位置等机械结构上有所不同。在处理量相同时,立轮重介质分选机具有体积小、重量轻、功耗少、分选效率高及传动装置简单等优点。

图 2-12 所示为德国洪堡尔特-维达克公司制造的太司卡立轮重介质分选机的结构。该机分选过程是:原料煤从给料端给入,悬浮液从给料溜槽下方给入,形成水平-下降流进行分选,浮物由排煤轮排出,沉物由提升轮提升经溜槽排出。我国范各庄选煤厂块煤分选系统采用了两台太司卡重介质分选机,第一段用高密度分选,分选机槽宽4.5m,第二段

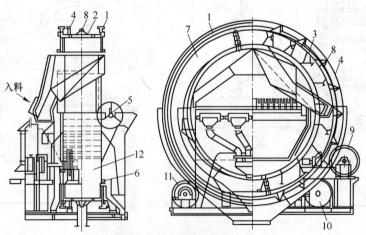

图 2-12  太司卡立轮重介质分选机结构

1—滚圈;2—脱水板;3—提料板;4—套筒滚子链;5—排料轮;6—充气软管;7—提升轮;
8—橡胶垫圈;9—链轮;10—带轴座的支撑托轮;11—石墨板;12—分选槽

用低密度分选，分选机槽宽 3.5m，第一段可能偏差 $E = 0.023g/cm^3$，第二段可能偏差 $E = 0.021g/cm^3$，介质消耗量为 0.13kg/t。

 c 浅槽重介质分选机

浅槽重介质分选机主要由槽体、排矸刮板及驱动装置构成（见图 2-13）。其分选槽为敞开式，用刮板排料，处理量大，重悬浮液循环量大，对磁铁矿粉粒度组成要求较细。该分选机兼有水平液流和上升液流：80%～90% 的重悬浮液从给料端下面沿水平方向给入，形成纵向水平液流；10%～20% 的重悬浮液通过槽底数排孔给入，形成上升液流，促使精煤上浮。

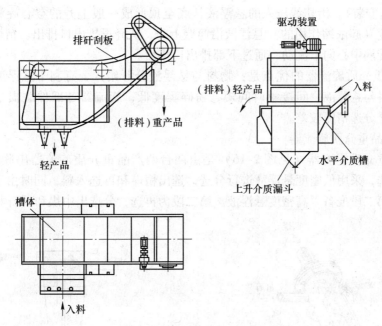

图 2-13 浅槽重介质分选机结构

 B 重介质旋流器

重介质旋流器根据机体结构和形状分为圆锥形和圆筒形两产品重介质旋流器、双圆筒串联和圆筒与圆锥串联的三产品重介质旋流器。两产品重介质旋流器按其原料煤给入方式分为有压（切线）给料和无压（中心）给料两种，前一种为圆锥形重介质旋流器，后一种为圆筒形重介质旋流器。

 a 圆锥形重介质旋流器

国内外广泛使用圆锥形重介质旋流器。其分选过程如图 2-14 所示，物料与悬浮液混合，以一定压力从入料管沿切线方向给入旋流器圆筒部分。由于离心力的作用，高密度物料移向锥体的内壁，并随部分悬浮液向下做螺旋运动，最后从底流口排出；低密度物料集中在锥体中心，随

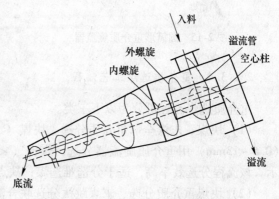

图 2-14 圆锥形重介质旋流器分选过程

内螺旋上升，经溢流管进溢流室排出。

旋流器内流体的切线速度很大（4.4m/s以上），对部件磨损严重。为了提高设备的使用寿命，可用合金钢等耐磨材料整体铸造，也可以采用耐磨材料作衬里（如铸石等），但衬里要求光滑，无凹凸和台阶，以免破坏液体的正常流态。

b　圆筒形重介质旋流器

美国制造的DWP型重介质旋流器属无压给料式圆筒形旋流器，其构造如图2-15所示。分选物料与悬浮液分开给入。物料无压、自重给入上部中心入料管（在给料箱内也加入少量悬浮液）；悬浮液用泵以0.06～0.15MPa的压力沿切线压入圆筒下部（圆筒呈25°～35°倾角安装）。沿切线压入的悬浮液从底至顶形成一股上升的空心旋涡流。矸石与一部分高密度（起浓缩作用的）悬浮液沿筒壁上升，从矸石排出口排出。精煤与低密度悬浮液聚集在旋涡中心向下流动，通过下部排出口排出。

DWP型重介质旋流器的优点是：物料与悬浮液分开给入，有利于悬浮液密度的测定和调整；物料与悬浮液之间接触时间短，粉碎程度低；旋流器各部件磨损小，使用寿命长。其缺点是分选精度较差。

c　三产品重介质旋流器

三产品重介质旋流器（见图2-16）是由两台两产品重介质旋流器串联组装而成的。第一段为主选，采用低密度悬浮液进行分选，选出精煤和再选入料，同时由于悬浮液浓缩的结果，为第二段准备了高密度悬浮液。第二段为再选，分选出中煤和矸石两种产品。

图2-15　圆筒形重介质旋流器

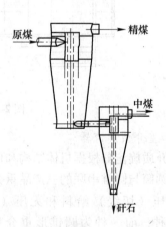

图2-16　三产品重介质旋流器

2.1.3.4　重介质选煤工艺流程

重介质选煤流程可分为以下三类。

（1）块煤、末煤全部重介质分选。块煤（＞13mm）用斜轮或立轮分选机分选，末煤（0.5～13mm）用重介质旋流器分选，煤泥（＜0.5mm）用浮选精选，如图2-17（a）所示。该流程分选效率高，适于分选难选煤；缺点是工艺流程复杂。

（2）块煤重介质分选、末煤跳汰分选联合流程，如图2-17（b）所示。该流程可以充分发挥重介质分选的优点，避免用其他方法处理末煤时碰到的一系列困难，如分选效率不如块煤高，介质回收与再生系统复杂等。该流程适于处理中等可选煤或难选煤。

（3）中煤重介质分选流程如图2-17（c）所示。该流程是将重介质选作为辅助性的再选作业，用重介质选跳汰出中煤。该流程适于处理难选或极难选煤。

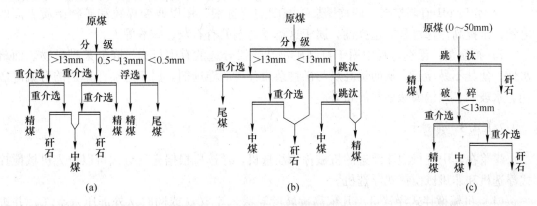

图 2-17 重介质选煤流程

（a）块煤、末煤全部重介质分选；（b）块煤重介质分选、末煤跳汰分选联合流程；（c）中煤重介质分选流程

## 2.1.4 浮游选煤

浮游选煤是一种依据煤和矸石表面的润湿性差异而进行分选的选煤方法，主要用于处理小于 0.5mm 级的低灰精煤。

### 2.1.4.1 浮选过程

煤泥以矿浆的形式给入搅拌器，将其配成适当的浓度，同时加入适量的浮选药剂进行充分的搅拌。如图 2-18 所示，搅拌后的煤浆进入浮选机，由于浮选机中搅拌机构的充气作用，矿浆中产生大量大小不等的气泡。吸附了药剂的疏水性煤粒和气泡黏附在一起，浮升到矿浆液面聚集成矿化泡沫层，由刮泡器刮取成为浮选精煤煤浆；而亲水性的矸石颗粒则不能黏附到气泡上而留在矿浆底部成为浮选尾煤。

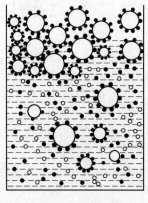

图 2-18 浮选示意
○—气泡；●—煤粒；○—矸石

煤泥浮选是在固（煤泥）、液（水）和气（气泡）三相界面上进行的。这一过程的关键是：矿物表面性质具有差异；矿浆中析出大量稳定而细小的气泡；固体颗粒与气泡碰撞的结果是低灰分煤粒黏附在气泡上被浮到矿浆的表面，高灰分的矸石颗粒则不能黏附在气泡上而遗留在矿浆中。在浮选过程中，气泡是分选的媒介，同时又是精煤颗粒的运载工具。

### 2.1.4.2 浮选剂的种类与作用

（1）捕收剂。捕收剂是指加入煤浆中提高煤粒表面的疏水性，使其易于并牢固地和气泡附着的浮选剂。在浮选中最常用的捕收剂为非极性烃类化合物，如煤油、轻柴油等。

（2）起泡剂。起泡剂是指在浮选过程中用以控制气泡大小、维持气泡稳定性的浮选剂。属于这类浮选剂的是各种有机表面活性物质，如脂肪醇。

（3）调整剂。调整剂是指调整煤浆及矿物表面的性质，提高某种浮选剂的效能或消除副作用的浮选剂。选煤用调整剂主要包括介质 pH 值调整剂和抑制剂。

1）介质 pH 值调整剂：调整煤浆酸碱度的浮选剂，用以改变煤粒和矿物杂质表面的电性，来提高浮选过程的选择性。属于这类浮选剂的有石灰、硫酸等。

2）抑制剂：浮选过程中用于控制矿物杂质对分选的有害行为，降低某种矿物表面疏水性，使其不易浮起，从而提高煤与矿物杂质分离的浮选剂。属于这类浮选剂的有偏硅酸钠、水玻璃、六偏磷酸钠和淀粉等。

### 2.1.4.3　浮选机

煤浆在其中进行泡沫浮选的机械称为浮选机。浮选机根据充气方式可以分为机械搅拌式浮选机和非机械搅拌式浮选机。

（1）机械搅拌式浮选机。凡依靠旋转叶轮吸入空气（或同时从外部压入空气）并进行搅拌，使气泡分散在煤浆中的浮选机统称为机械搅拌式浮选机。

XJM-4 型搅拌式浮选机的结构如图 2-19 所示。它是我国使用最为广泛的浮选机之一，由固定部分和转动部分组成。固定部分由定子、套筒和轴承座等组成；转动部分由伞形叶轮定子组、空心轴和三角胶带轮等组成。

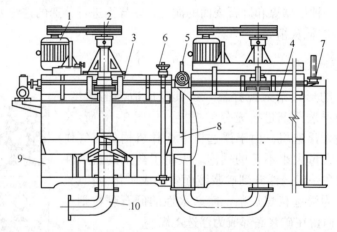

图 2-19　XJM-4 型搅拌式浮选机的结构

1—电动机；2—搅拌机构；3—刮泡机构；4—槽箱；5—液面调整机构；
6—放矿机构；7—尾矿箱；8—中矿箱；9—稳流板；10—吸浆管

（2）非机械搅拌式浮选机。一般把本身没有机械传动的搅拌机构的这类浮选机称为非机械搅拌式浮选机，如喷射、真空、旋流、气升等形式的浮选机都可归入此类。这类浮选机中，在我国选煤厂得到使用并经长期考验的是 XPM 型喷射式浮选机。

XPM-8 型浮选机（见图 2-20）一般由 6 个槽组成，浮选槽内有 6 个呈辐射状布置的充气搅拌装置。每 2 个槽组成一段，每段配有一台循环泵，循环煤浆从各段相邻槽间的循环孔引出，经泵加压到 0.2 ~ 0.3MPa 后至相应的充气搅拌装置。

XPM-8 型浮选机充气搅拌装置如图 2-21 所示。经循环泵加压的煤浆以近 20m/s 的速度从喷嘴喷出，喷射流的抽吸作用在混合室内造成负压，空气经吸气管被喷射流卷裹进入

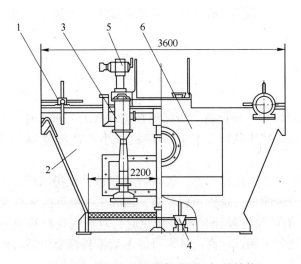

图 2-20　XPM－8 型喷射式浮选机的结构
1—刮泡器；2—浮选槽；3—充气搅拌装置；
4—放矿机构；5—液面自动控制机构；6—入料箱

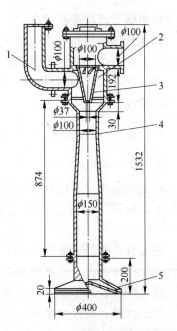

图 2-21　XPM－8 型浮选机充气搅拌装置
1—吸气管；2—混合室；3—喷嘴；
4—喉管；5—伞形器

旋流器，由于离心力作用，充气煤浆呈伞状从旋流器甩出。

### 2.1.5　流膜分选技术与设备

流膜选矿是具有一定浓度的颗粒群在极薄的流体介质层中的松散、分层的过程，广泛应用于细粒矿物和煤的分选。这类设备主要包括斜槽分选机、摇床、螺旋分选机和离心重力分选机。

#### 2.1.5.1　斜面流膜分选技术与设备

**A　溜槽与斜槽分选机**

溜槽选矿主要是借助水流的冲力和槽底的摩擦力，同时利用颗粒密度、粒度和形状的差异进行分选。

斜槽分选机是近年来研制成功的一种新型重力分选设备。斜槽分选机由于具有设备制造容易、选煤工艺简单、操作方便、投资少、收效快的特点，因此，对服务年限短、煤质差、不宜建选煤厂的小型矿井，具有推广使用的意义。

斜槽分选机的分选过程是：原料煤从槽体中部上方给入，洗水分两部分加入槽内，其中一部分与原料煤一起加入，另一部分上升水由槽体底部引入并从其上端的精煤排料口流出。洗水在流经槽体内紊流板处的隔板时产生涡流，造成紊流骚动，使物料松散分层，轻产物随上升水流从槽体上端的精煤排料口排出，重产物则下沉至槽底并下滑到槽体下端的矸石排料口排出。

**B　摇床分选机**

摇床是分选细粒矿时应用非常广泛的设备。由于在床面上分选介质流的流层很薄，所以摇床也属于流膜选矿设备。

摇床分选的给料粒度一般在3mm以下，选煤时可达10mm，最大可达25mm。摇床分选过程是在一个倾斜的床面上进行的，床面上物料层的厚度比较薄。摇床分选机从早期的单层半面摇床发展到多层悬挂式摇床，再到今天的离心摇床，其处理能力和分选精度都有很大的提高。

### 2.1.5.2　旋转流膜分选技术及设备

#### A　螺旋分选机

螺旋分选机是近代用于分选煤泥的较好的一种设备。当煤泥粒度在0.1~3mm时，可利用螺旋分选机对其进行有效分选，但此时往往需要使用分级机或小直径旋流器预先脱泥。

螺旋分选机的主要优势在于：结构简单、无运动部件，设备容易制造，维护简单；单位面积生产能力大，占地面积小；物料分带明显，选别指标较高，回收率一般可达90%左右；适应性强；当给矿量、给矿浓度、给矿粒度及原矿品位变化时，对选别指标影响较小。其缺点是：对片状矿石的富集比不及摇床和溜槽高；其本身的参数不易调节以适应给矿性质的变化。

#### B　离心重力分选设备

离心选矿机最早是由我国于20世纪60年代初期研制成功的。它是采用重力场和离心力场的联合作用来强化流膜分选过程，由于引入了强大的离心力场，大大降低了分选粒度下限。为提高离心机的选别指标，我国还相继研制出了多种离心选矿机，包括逆流离心选矿机、射流离心选矿机。

## 2.1.6　其他选煤方法

### 2.1.6.1　水介质旋流器选煤

水介质旋流器选煤是在旋流器中用水作介质，按颗粒密度差别进行选煤。目前，水介质旋流器主要用于处理易选末煤和粗煤泥，以及脱除煤中的黄铁矿。其优点是工艺流程简单，占地面积少，建厂投资和生产费用较低；缺点是分选效率低，设备易磨损。

我国研制的WOC型水介质旋流器由筒体、锥体和溢流箱组成，采用切线或螺线入料。在一定的压力下，入料以切线方式进入旋流器的圆筒体，形成螺旋运动。在离心力场内，高密度颗粒离心沉降速度大，集中在旋流器外层，随外螺旋流向底流口运动；低密度颗粒离心沉降速度小，集中在旋流器内层，随内螺旋流向溢流管运动，形成按密度分层。

分选过程中，锥体部分有一个悬浮旋转层，可起到类似重介质的作用。当颗粒进入锥体时，由于锥体角度的影响，锥壁对颗粒产生一向上的推力，使颗粒按密度进行二次分选。

### 2.1.6.2　复合式干法选煤

复合式干法选煤是以空气和煤粉作介质，以空气流和机械振动作动力，使物料在床面上松散，并按密度分选的选煤方法。它具有分选不用水、工艺简单、设备少、生产成本低、能耗少等特点，适用于各种煤炭排矸和干旱缺水地区选煤。

### 2.1.6.3　电选

电选是利用煤和矿物质介电性质的不同而进行分选的。电选包括下面两个基本过程：入料矿粒带电过程和矿粒在高压电场中的分离过程。

入料颗粒可通过下面方式带电：颗粒相互间或与摩擦材质间的碰撞摩擦带电；离子轰击带电；传导感应带电。根据带电方式的不同电选机可分为三大类：摩擦静电分选机、静电分选机和动电分选机（又称为高压电选机）。

（1）摩擦电选机。图 2-22 是一种摩擦电选机实验装置简图。微粉煤在高速气流的夹带下，经输送管路进入摩擦带电器。在摩擦带电器中，物料颗粒经历了与摩擦材料和相互间的碰撞，从摩擦器的喷嘴喷入由两平面平行极板产生的强电场中。由于从摩擦器喷嘴喷出的煤颗粒和矿物质颗粒分别带有异性电荷——煤颗粒带正电、矿物质颗粒带负电，因此在强电场的作用力下煤和矿物质颗粒分别被吸向负极板和正极板并被各自的集尘器收集。国内外的研究结果均表明：摩擦电选能有效地脱除煤中矿物质，尤其是黄铁矿。

（2）静电分选机。以滚筒型静电分选机（见图 2-23）为例说明静电分选机的分选过程。它主要由给料器、滚筒、传动减速机构、静电极、分矿板等部分组成。当有电场存在的条件下，物料经给料器给入旋转接地的滚筒上，煤中矿物质颗粒由于导电性较好，经传导带上与静电极相异的电荷，被静电极吸引而首先离开滚筒表面落入尾煤箱，而煤颗粒通过感应极化，因镜像力的作用继续附着在滚筒表面，直至因重力而落入精煤箱，从而实现分选。

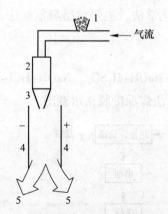

图 2-22　摩擦电选机实验装置简图
1—给料器；2—摩擦带电器；3—喷嘴；
4—极板；5—集尘器

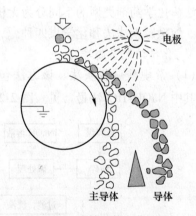

图 2-23　滚筒型静电分选机

（3）高压电选机。图 2-24 所示为高压电选机的主要特点。给料被接地旋转滚筒带入电离电极的电场中，给料颗粒由于受离子轰击而荷电。矿物质颗粒由于导电性较好，将电荷较快地传给接地滚筒而失去电荷，并借离心力从滚筒表面甩掉进入尾煤箱。煤颗粒不能将其电荷较快地分散给滚筒，由于本身的镜像力而吸附在滚筒表面上。当滚筒带动表面上的颗粒运行时，随着电荷的进一步消失，中煤在离心力的作用下首先脱离滚筒表面，精煤最后脱落或用刷子从滚筒表面除去。有时为强化煤和矿物质的电性差异，提高分选效果，高压电选机中除有电晕电极外还装有静电极以加强静电场的作用。

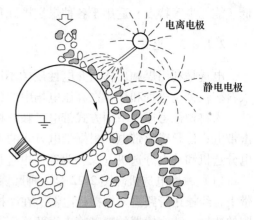

电离电极

静电电极

### 2.1.7　超净煤制备技术

对于超净煤的认识，目前并无统一标准，有的认为灰分应低于 2%～3%，有的认为应低于 1%。因此根据使用目的不同，采用了一些常规的或非常规的煤炭分选方法制备出的灰分低于 2%～3% 的超低灰精煤都应该称为超净煤。

图 2-24　动电分选机或高压电选机

超净煤由于灰分特别低，不但可以用于中小型燃油锅炉或中央空调等，而且可以制备成精细水煤浆代替重油、柴油和天然气燃烧，可用于内燃机和燃气轮机、航空涡轮发动机等动力设备，还可应用于生产低灰活性炭，作为煤制炭黑、石墨电极、碳分子筛等各种碳素材料的原料，也可应用于高温燃气发电技术（IGCC）、精密铸造和出口。超净煤技术是目前全球最新煤炭深加工技术之一。

#### 2.1.7.1　超净煤的制备方法

化学法制备超净煤是通过化学药剂和煤中组分进行化学反应，达到提纯煤炭的目的。化学法按化学药剂类型的不同分为无机化学法和有机化学法，主要包括氢氟酸法、常规酸碱法、熔融碱沥滤法和化学煤四种。

A　化学法制备超净煤

（1）常规酸碱脱灰法。该方法包括 NaOH-HCl、NaOH-H$_2$SO$_4$、NaOH-HCl-HNO$_3$ 等法，其中 NaOH-HCl 法最常见。图 2-25 为 NaOH-HCl 法煤深度脱灰示意图。

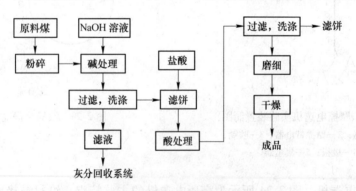

图 2-25　NaOH-HCl 法煤深度脱灰示意图

酸碱脱灰法的基本原理是：苛性钠液在一定条件下与煤中的硅酸盐、硅铝酸盐、石英等矿物反应，生成可溶性的硅酸钠或铝硅酸钠，而黄铁矿则生成酸溶性氢氧化铁和多硫化钠。煤中的碳酸盐类、含氧化物等矿物以及碱浸过程中形成的酸溶化合物与酸反应后进入液相，经过滤、洗涤后与煤中有机质分离。

（2）化学煤。酸碱脱灰法属于无机化学法，而化学煤的制备属于有机化学法。它的制备方法是在较低温度、压力下将煤溶解于极性溶剂，使煤大分子断裂成小分子，再经固液分离而得到的一种低灰、低硫、性能接近 2 号燃料油的釉状固体。事实上，它是流动点为150℃的热塑性物质，既可以用废气加热后喷燃，也可以粉碎后在炉内燃烧或与水、甲醇及其他液体混合制成浆体。

化学煤的基本原理是利用煤衍生物酚油和碱作为溶剂，在 325～345℃和 8.6～12.4MPa条件下，溶解并破坏煤中有机质，使煤结构中碳链断裂，大分子变成小分子；同时，用一氧化碳和水蒸气反应产生氢气覆盖在煤粒表面，起到加氢的作用；然后将热溶解的有机物和不溶的残渣进行过滤分离；接着再用甲醇从热溶解的有机物中沉淀出固体的化学煤，再经过滤、分离、干燥即得到化学煤的最终产品。制备化学煤的试验结果见表 2-4，化学煤的部分工艺流程如图 2-26 所示。

**表 2-4　化学煤的试验结果**

| 指　标 | 中国三合场煤 | | 美国 Ohio No. 6 煤 | |
|---|---|---|---|---|
| | 原　煤 | 化学煤 | 原　煤 | 化学煤 |
| 灰分/% | 2.80 | 0.037 | 10.50 | 0.122 |
| 发热量/MJ·kg$^{-1}$ | 27.63 | 36.02 | 25.85 | 36.52 |
| 脱灰率/% | | 98.68 | | 98.86 |
| 脱硫率/% | | 47.00 | | 80.57 |

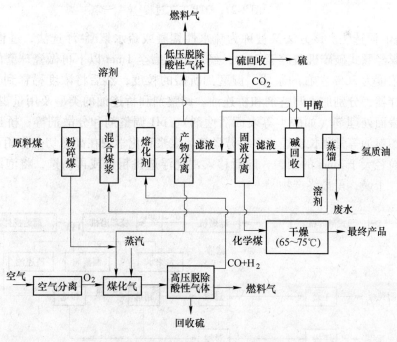

图 2-26　制备化学煤的工艺流程

**B　物理深度脱灰法**

煤炭的物理深度脱灰是通过把煤炭超细粉碎，使煤中的无机矿物与有机可燃体充分解离，再用一些有选择性的药剂分选出超净煤。物理方法不存在化学反应，煤和无机矿物的成分没有发生变化，所以避免了化学法所需的温度、压力等条件，对设备不会有严重的腐蚀，对环境不会造成严重的污染。

（1）OTP 工艺。该工艺是美国开发的，极具典型性。产品制成超纯煤浆供美国通用汽车公司和通用电气公司燃用。OTP 工艺如图 2-27 所示。粒度小于 10cm 的尾煤经锤碎机，粉碎成小于 250μm 的煤粉，然后再与水配成浓度为 50% 的煤浆。将该煤浆作为搅拌球磨机的入料，磨至平均直径为 7μm，用循环机进一步稀释到 15% 的浓度，与团聚剂（与干煤体积比约为 1∶1）一起进入混合器，物料经高速剪切作用后形成 3mm 左右的团粒。矿物质则分散在水中，经筛分机脱水、洗涤，筛下水澄清复用，筛上物送入加热套，用 60℃ 水加热蒸发，得最终产品。团聚剂蒸气再经压缩冷却回收复用。

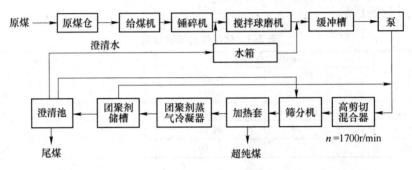

图 2-27　OTP 工艺过程

（2）油团-浮选法。该方法又被称为疏水性絮凝或疏水絮凝-浮选法，过程如图 2-28 所示。原料煤经颚式破碎机破碎至 3mm，经球磨机磨至 1mm 以下再做瓷球磨的入料，和水配成质量浓度为 30% 左右的浆体，湿磨到所需的粒度，然后将浓度稀释到 3%~10%，送入高速搅拌器，分别加入调整剂和桥连油。调整剂和桥连油的类型及用量视煤种而定。调整剂包括表面处理剂（如醇类等表面活性剂）、pH 调整剂和分散剂等；桥连油包括煤油、柴油、燃料油等常规长链烃或多环芳烃等。煤浆和化学剂在高剪切力作用下，在一定时间内形成粒径大于 1mm 的团粒，随后移入常规浮选机粗选或再精选，将泡沫产品及尾煤分别过滤、干燥，得最终产物。

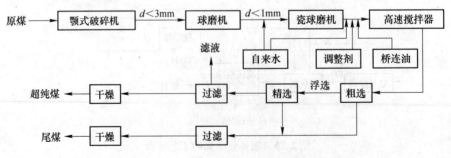

图 2-28　油团-浮选超净煤制取工艺

（3）OTP 工艺与油团-浮选工艺的比较。OTP 工艺与油团-浮选工艺的比较见表 2-5。

**表 2-5 OTP 工艺与油团-浮选工艺的比较**

| 项　目 | OTP 工艺 | 油团-浮选工艺 |
|---|---|---|
| 戊烷等短链烃 | 0.8：1～2：1 | 0.5：1～0.6：1 |
| 常规中性油 | 不能保证产品质量 | 0.3%～3% |
| 油占微孔体积 | >50% | >50% |
| 桥连油状况 | 纤维状到毛细管状 | 纤维状 |
| 产品形状 | 团粒 | 絮状物 |
| 团粒直径 | 1～2mm 或几毫米 | >1mm |
| 精煤产率及灰分 | 产率高，大多中国煤的灰分难以达到要求 | 产率较 OTP 低些，但产品质量较好 |
| 产品脱水方法 | 筛分 | 过滤 |
| 产品水分 | 较高 | 较低 |
| 对磨矿的要求 | 有机质和矿物质要彻底解离 | 不必像 OTP 那样严格 |

#### 2.1.7.2 超净煤的用途

（1）燃油锅炉代油燃料。超净煤制成的水煤浆，在中小燃油锅炉上直接代油燃烧有三大优点：一是锅炉无需改造；二是热值高（25200kJ/kg 以上），锅炉负荷出力基本不降低；三是环保达标。

采用超细粉碎技术，超纯煤可以加工成超细、超纯、高发热量的"准纳米煤粉"，成为一种"以煤代油"的新型固体燃料，在某些特殊领域，如内燃机、燃气轮机、国际工业等方面有着广泛的用途。

（2）化工厂重油造气的替换原料。超净油水煤浆可以在重油造气的化肥厂直接替换造气原料，实现"油头改煤头"，原重油造气的设备在改为超净油水煤浆造气时基本都可使用。用超净煤制备的超净油煤浆、超净煤浆也称第二代水煤浆。与石油相比，这种燃料储存、运输安全，不易爆炸，可广泛用做火车头、军舰、船舶、汽车发动机、电站等的燃料；与常规水煤浆相比，它可免除或减少燃烧系统的改造，大大降低对泵、喷嘴等设备的磨损，有更好的环境效益和巨大的经济效益。

（3）高温燃气轮机发电（IGCC）技术。超净煤还可以在高温燃气轮机发电技术中使用。高温燃气轮机发电技术是当今煤炭利用效率较高的技术，西方国家都在研究应用该技术，以解决高温燃气的除尘问题。我国也将建设一座高温燃气轮机试验电厂，每年对超净煤的需要量约有 20 万吨。

（4）高级活性炭和煤制炭黑的原料。原料煤的灰分是影响活性炭质量的重要因素。通过使用超净煤可以较大程度地提高活性炭的质量。超净煤经过超细粉碎与表面改性加工，可部分替代炭黑。炭黑可用于橡胶增容增强剂。

超净煤还可以用来制作石墨电极、炭素制品等。随着科技与环保、科技与经济的发展，超净煤必将越来越具有更深更广的用途和发展，其需求量将会越来越大。

## 2.2 型煤技术

型煤技术是我国洁净煤技术的主要发展领域之一，一直得到国家的重视和支持，对我国煤炭高效利用起到了非常重要的作用，为实现大气污染控制目标做出了贡献。

### 2.2.1　型煤的概念和分类

型煤是用一种或多种性质不同的煤粉与一定比例的黏结剂、固硫剂、膨松剂等加工成具有一定的几何外形和冷热强度、热稳定性并有良好燃烧性和环保效果的固态工业燃料。

与使用原煤相比，粉煤成型后使用具有多方面的优点：

（1）可以提高炉窑效率 5%~13%，从而节约煤炭 7%~15%。

（2）可以减少粉尘排放量 30%~60%，从而降低大气中粉尘颗粒物浓度。

（3）使用固硫添加剂的型煤，可以降低 $SO_2$ 排放 20%~50%，从而在一定程度上遏制酸雨的危害。

（4）使燃煤的其他有害物排放降低。

因此，粉煤成型制型煤是一种比较清洁的煤炭利用方式。鉴于我国以煤为主的能源结构在今后几十年内仍将长期保持，因此型煤技术必将在我国节能与环保事业中继续发挥重要作用。

根据不同的分类依据，型煤有多种分类方式，见表 2-6~表 2-9。

表 2-6　按用途分类

| 工 业 型 煤 | | 民 用 型 煤 | |
|---|---|---|---|
| 蒸汽发动机用 | 铁路蒸汽机车 | 百姓炊事用 | 普通蜂窝煤 |
| | 船用蒸汽发动机 | | 其他型煤 |
| 煤气发生炉用 | 工业燃气用造气 | 百姓取暖用 | 手炉、被炉取暖煤 |
| | 合成氨造气 | | 取暖煤球，普通蜂窝煤 |
| 工业窑炉 | 铸造炉用 | 包含服务行业用 | 烧烤、火锅 |
| | 锻造炉用 | | 上点火蜂窝煤 |
| | 轧钢加热炉用 | | 方形蜂窝煤 |
| | 倒烟炉用 | | |
| 工业锅炉用 | | 机关团体茶炉用 | 普通蜂窝煤 |
| 块状无烟燃烧 | | | |
| 型焦（包括配型煤炼焦） | | | 煤 球 |
| 硅铁合金碳质还原剂 | | | |

表 2-7　按形状分类

| 型 煤 | 形 状 | 型 煤 | 形 状 | 型 煤 | 形 状 |
|---|---|---|---|---|---|
| 工业型煤 | 球 形 | 工业型煤 | 卵 形 | 工业型煤 | 圆柱、圆管形 |
| | 印笼形 | | 棱柱形 | 民用型煤 | 圆蜂窝煤形 |
| | 中凹形 | | 枕 形 | | 方 形 |
| | 马赛克形 | | 长条形 | | 球 形 |

**表2-8 按成型工艺分类**

| | | | |
|---|---|---|---|
| 冷压成型 | 无黏结剂成型 | 低压成型（成型压力小于50MPa） | |
| | | 中压成型（成型压力50~100MPa） | |
| | | 高压成型（成型压力大于100MPa） | |
| | 有黏结剂成型 | 物理成型 | 憎水性黏结剂成型 |
| | | | 亲水性黏结剂成型 |
| | | 化学成型 | 有机热固结 |
| | | | 无机化学成型 |
| 热压成型 | 按配煤分 | 部分强黏结烟煤配无烟煤、焦粉等 | |
| | | 单种强黏（不黏）烟煤 | |
| | 按加热方式分 | 气体热载体 | |
| | | 固体热载体 | |
| 圆盘球团法 | | | |

**表2-9 按黏结剂分类**

| | | | | |
|---|---|---|---|---|
| 工业型煤 | 有黏结剂成型 | 有机黏结剂类 | 沥青类 | 煤焦油 沥青 石油沥青 — 液态喷入 |
| | | | | 烟煤沥青 — 固态掺混 |
| | | | 焦油类（包括焦油渣） | |
| | | | 黏结煤类 | |
| | | | 有机合成物类 | |
| | | | 有机复合黏结剂类 | |
| | | | 腐殖酸盐类 | |
| | | | 淀粉类 | |
| | | 无机黏结剂类 | 膨润土 | |
| | | | 黏土类 | |
| | | | 石灰类 | |
| | | | 无机复合黏结剂类 | |
| | | | 水泥类 | |
| | | | 氯化镁水泥类 | |
| | 无黏结剂成型 | | | |
| 民用型煤 | 有黏结剂成型 | 有机类 | 有机复合黏结剂类 | |
| | | | 淀粉、尿素类 | |
| | | 无机类 | 黏土类 | |
| | | | 石灰类 | |
| | | | 无机复合黏结剂 | |
| | 无黏结剂成型 | | | |

### 2.2.2 影响粉煤成型的主要因素

（1）煤料的成型特性。煤料的成型特性是影响粉煤成型过程最为关键的内在因素，尤其是煤料的弹性与塑性的影响更为突出。煤料的塑性越高，其粉煤的成型特性就越好。

（2）原料煤的性质（煤化度、物料动结性、物料水分）。适当的水分可以提高型煤的机械强度，但是水分过多，会使型煤干燥时产生裂纹，容易破碎，同时，过多的水分还会降低黏结剂的效果。煤化度越低，生产出的型煤的强度越高。原料煤的黏结性如果过强，则容易在热压成型过程中因黏结堵塞而使型煤生产无法连续进行；如果太弱，则在加热过程中产生的胶质体太少，也使粉煤无法压制成型。

（3）物料粒度及粒度组成。较小的煤料粒度一般有助于煤粒间的紧密接触，从而提高型煤的强度。但是，粒度过细，会增加煤料破碎的动力消耗和成型时的黏结剂用量，经济上不合理。将煤料粒度控制在3mm以下，且小于3mm部分占70%~90%是比较适宜的。

（4）成型条件（成型压力、成型温度、成型模具）。采用黏结剂成型时，压力一般选为19.61~34.32MPa；采用热压成型时，压力一般为49.4MPa；而年轻褐煤无黏结剂高压成型时，成型压较高，一般为98.07~196.14MPa。成型温度的选取随成型方法和黏结剂的不同而变化。要想使型煤产品合格，那么对辊成型机的上下球碗闭合后应不产生错模。

（5）黏结剂种类与用量。从黏结剂固结后的情况看，增加黏结剂用量有利于提高型煤强度；从成型过程看，增加黏结剂用量不利于提高成型压力和提高型煤强度；从成型脱模的稳定性看，增加黏结剂用量也不利于提高型煤强度。因此，一般需要通过试验来确定最佳黏结剂及其最佳用量。

### 2.2.3　型煤生产工艺及应用

型煤生产工艺随原料煤的性质、型煤用途、成型方式等的不同会有所不同，但是总体上说主要有两类，即冷压成型和热压成型。冷压成型是指配料在低于100℃的温度下进行的成型，包括无黏结剂成型和有黏结剂成型两种工艺。热压成型是使型煤配合料在快速加热的情况下形成大量胶质体，以所形成的胶质体作为黏结剂，加之塑性变形使煤成型。型煤生产设备主要有破碎机、筛分设备、给料机、搅拌设备、轮碾机、成型机、烘干设备等。

#### 2.2.3.1　冷压成型工艺

（1）有黏结剂冷压成型工艺。有黏结剂冷压成型是指将粉煤和黏结剂的混合料，在常温或黏结剂热熔温度下，以较低压力（15~50MPa），借助黏结剂在煤粒表面作为颗粒之间的"桥梁"作用而使颗粒黏结成型。尽管有黏结剂冷压成型工艺使用的黏结剂品种很多，型煤制造工艺流程也各有不同，但这种类型的型煤生产过程中都必须包括成型原料的制备、成型和生球固结三个共同的工序。

DSK法冷压成型工艺是由联邦德国、日本的几个公司联合开发的冷压型焦工艺。该工艺流程如图2-29所示，70%~90%的不黏结性煤和10%~20%黏结性烟煤相配合，粉碎到小于3mm的粒度，加入约10%的煤焦油和沥青等黏结剂，并用蒸汽加热，用双轴混料机搅匀，经立式混捏机混捏以后用对辊式成型机成型。成型后的型煤冷却后炭化15~20h，就成为型焦。

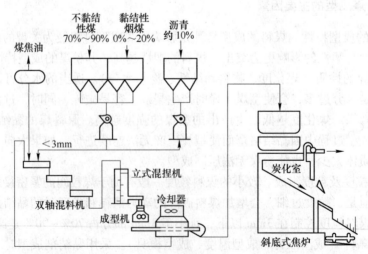

图2-29　DSK法冷压成型工艺流程

在黏结剂冷压成型工艺中，还有一种球团法成型，即在黏结剂和水的作用下，型煤配合料无需加压力，在圆盘式或滚筒式球团成型机中滚动成型，成型产品是球团。

（2）无黏结剂冷压成型工艺。无黏结剂冷压成型工艺是不使用黏结剂的成型工艺，其按成型压力大小可以进一步分为低压成型、中压成型和高压成型。成型压力小于50MPa时称低压成型，主要用于生产无烟煤棒以作为合成氨原料，也用于碳质页岩等的成型。成型压力在50~100MPa时的成型称中压成型，主要用于无烟煤和泥炭、褐煤等的配煤成型。高压成型的压力一般在100MPa以上，主要用于褐煤等低变质煤种的成型。褐煤的无黏结剂冷压成型一般包括干燥、原煤破碎分级、成型、冷却、检测、储存等工艺。

### 2.2.3.2　热压成型工艺

粉煤热压成型是利用快速加热的原理来提高煤的黏结性，在煤的塑性温度区间内，借助于成型机施加外部压力，使软化了的煤粒相互黏结熔融在一起。一般来说，在中压下（50 MPa）即可获得强度较好的型煤。

热压成型工艺按加热的方式可分为气体热载体快速加热热压成型工艺和固体热载体快速加热热压成型工艺两大类。

（1）气体热载体快速加热热压成型工艺。该工艺主要由煤的干燥预热、快速加热后维持温度以及热压成型3个工序组成，如图2-30所示。此工艺主要适用于单一煤种（如气煤、弱黏结性煤）的热压成型以及以无烟粉煤为主体的配煤的热压成型。

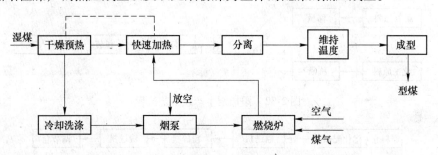

图2-30　气体热载体快速加热热压成型工艺流程框图

（2）固体热载体快速加热热压成型工艺。此工艺流程框图如图2-31所示。这种工艺

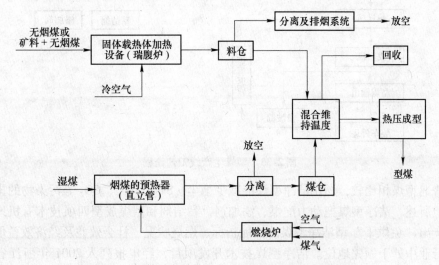

图2-31　固体热载体快速加热热压成型工艺流程框图

主要也由 3 个工序组成：固体热载体加热；烟煤的预热、混合及维持温度；热压成型。

#### 2.2.3.3　气化型煤的成型工艺

气化型煤的成型工艺与工业型煤的成型工艺基本相似，只不过气化型煤除了促使本来不适合于气化的粉煤、煤泥能够进入气化过程，扩大造气煤种以外，还必须保证型煤在高温条件下，具有较高的热强度和热稳定性。因此，气化型煤对黏结剂的要求更高，成型条件的要求也更高。

### 2.2.4　型煤新技术及其应用

#### 2.2.4.1　洁净型煤技术及其应用

近年来，国内对型煤技术做了大量的研究开发工作，现已发展到一个新的阶段，即动力优化配煤、洁净煤添加剂与型煤一体化的洁净型煤技术阶段。在成功掌握洁净型煤的 4 项技术即优化动力配煤技术、添加剂技术、型煤成型技术和黏结剂技术的基础上，我国于 2000 年研制开发出适合工业锅炉、工业炉窑等多种型号的"免烘干"型洁净型煤产品。其主要流程如图 2-32 和图 2-33 所示。

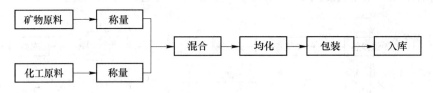

图 2-32　添加剂生产线工艺流程

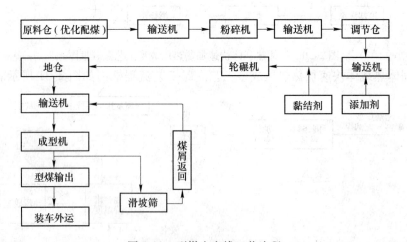

图 2-33　型煤生产线工艺流程

与普通型煤相比较，燃用洁净型煤能减少烟尘、$SO_2$、$NO_x$、$CO_2$ 等污染物的排放。

综上所述，洁净型煤把动力配煤、添加剂、黏结剂和型煤成型四项技术有机地结合起来，生产出"免烘干"型洁净型煤的性能指标、燃烧状况、社会效益及经济效益俱佳，在国内同行业中处于领先地位。洁净型煤技术开发项目，经申报列入 2001 年浙江省重点技术创新项目计划。

以贫煤或无烟煤粉煤作为主体煤、活化烟煤作为结合剂生产新型工业气化型煤的新技术，主要利用低温干馏的原理，对加工成型的煤球在炭化炉中进行干燥固化，生产出半焦型煤产品。利用该项型煤生产工艺生产的产品，合格率已达到90%以上。

该型煤生产工艺采用的是北京正丰凯环保技术公司引进的活化烟煤结合剂新技术，型煤原料是以贫煤或无烟煤的粉煤作为主体煤，以活化焦煤或肥煤作为结合剂。将原料按一定比例配合后，经过立式搅拌混合、常温陈腐、中低压对辊成型、低温网带炉炭化、入水急冷等工序，生产出环保型的半焦型煤产品。该型煤产品主要用于合成氨造气以及其他的煤气发生炉用原料，如图 2-34 所示。

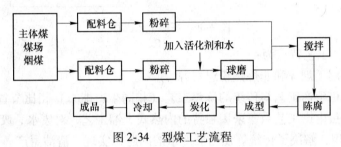

图 2-34　型煤工艺流程

本工艺中使用的炭化炉具有以下特点：

（1）连续生产，大大提高单炉生产能力。

（2）内燃内热，提高热效率。

（3）通过调整燃气量控制温度，易于控制炭化温度。

（4）利用净化装置系统，将净化后剩余的少量煤气经排烟风机排放到大气中，不但周围环境不受污染，而且煤气管道也不会堵塞。

### 2.2.4.2　洁净型焦技术及其应用

洁净型焦技术是合理利用非炼焦粉煤资源，扩大炼焦煤资源，降低焦炭投资和成本，减少炼焦污染的有效途径。因此该技术有较大的经济、环保和社会效益。

洁净型焦生产工艺分为两部分：一部分为型煤成型工艺，另一部分为炼焦工艺。

（1）型煤成型工艺。该工艺采用黏结剂低压成型技术，其成型工艺流程如图 2-35 所示。

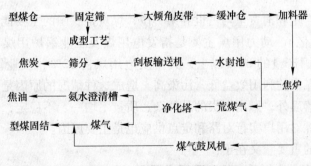

图 2-35　型煤成型工艺流程

（2）炼焦工艺。该工艺主要设备为连续进出料内热式立式炼焦方炉，耗能省，焦炉下部的密封水盆可以保证在出焦过程中产生的煤气不泄漏，测控系统可以适时监控。炼焦工艺流程如图 2-36 所示。

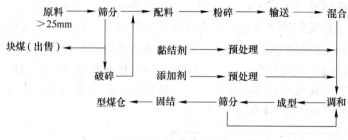

图 2-36　炼焦工艺流程

洁净型焦生产工艺特点为：

（1）可以利用无烟煤和非炼焦粉煤资源。

（2）洁净型焦生产工艺与传统的炼焦工艺（相同生产能力）相比节省投资 2/3 以上。

（3）洁净型焦生产工艺由于采用独特的内热式干馏工艺，对废水、废气、废渣实行闭路循环，综合利用，解决了传统炼焦污染严重的问题，实现了清洁生产。

## 2.3　配煤技术

### 2.3.1　动力配煤的原理及意义

#### 2.3.1.1　配煤原理

配煤就是根据用户对煤质的要求，将若干单种煤按照一定的比例掺混后得到的混合煤。由于各单一原料煤的成分和性能指标（黏结性、结焦性、发热量、挥发分、硫分、灰分）等在配合过程中存在着线性可加性，因此通过优化配比，可以使各原料煤在成分和性质间取长补短，互为补充，充分发挥各种原料煤的优点。配煤的综合性能优于其中任何一种原料煤，因此它已成了人为加工而成的新"煤种"。配煤既符合煤炭加工利用要求，又能减少污染排放，是国家重点推广和普及的洁净煤技术。

#### 2.3.1.2　配煤意义

我国煤炭的生产量和消费量均占世界第一位，煤炭是我国的主要能源，每年以燃烧方式消耗的煤炭达 11 亿 t。动力用煤主要是指发电用煤及工业锅炉用煤、窑炉用煤、民用等。动力用煤占我国产量的 80% 以上，其中发电用煤占 32%，工业锅炉、窑炉用煤占 35% 以上。但我国煤炭的利用效益低，污染高。造成这种情况的原因是多方面的，除燃煤设备、工艺、技术落后外，燃用煤炭的品种杂、质量不均一、不稳定，煤质与燃煤设备要求不符，煤炭不能针对用户实行对路和定点供应也是主要原因。

进行动力配煤的重要意义在于：

（1）提高和稳定动力煤质量，满足用户要求。

（2）减少污染物排放，保护环境。

（3）合理利用煤炭资源，提高煤炭企业的经济效益。

## 2.3.2 动力配煤

### 2.3.2.1 动力配煤的质量标准

根据 2006 年颁布的煤炭行业标准《动力配煤导则》（MT/T 1009—2006）对动力配煤原料煤的品质要求规定，用于动力配煤的原料应符合下列要求：

（1）用于链条炉排锅炉的动力配煤在配煤操作时，原则上不能把粒度大于 25mm 的块煤筛出作他用，应把粒度大于 25mm 的块煤破碎到粒度小于 25mm 后返回到配煤产品中。如粒度大于 25mm 的块煤的灰分和硫分过高，必须在降灰脱硫后才能返回到配煤产品中。

（2）动力配煤中如要添加固硫剂，固硫剂必须对锅炉和窑炉无腐蚀作用，在锅炉和窑炉设计温度下的固硫效率应大于 38%。

（3）配煤产品中不能添加对锅炉和窑炉有腐蚀作用的物质，如氯化钠、硝酸盐等。

（4）不同煤种相配时，各煤种的浮煤（$A_d \leqslant 10.00\%$）的挥发分（$V_{daf}$）不能相差过大，如原料煤的挥发分值相差 15.00% 以上，应该进行燃烧试验，在销售时应注明配煤的煤种和配比。

（5）无烟煤和褐煤不能相配。烟煤中原则上不能配入褐煤，如烟煤中配入褐煤，在销售时应注明配入褐煤的配比和褐煤的挥发分值。褐煤中配入少量烟煤时，在销售时应注明配入烟煤的配比和烟煤的挥发分值。

不宜作为动力配煤原料的固体物质主要有各种矸石、尾矿、焦粉（含半焦粉）和废渣等污染环境或损坏锅炉的物质。

### 2.3.2.2 动力配煤工艺流程

动力配煤生产线的工艺流程一般包括原料煤的收卸、按品种堆放、分品种化验、计算及优化配比，配煤原料的取料、输送、筛分、破碎，加添加剂，混合掺配，抽取检测，成品煤的存储和外运等。动力配煤的原则工艺流程如图 2-37 所示。

在实际生产中，根据配煤场地特点、配煤生产线的规模大小、机械化程度的高低、资金投入多少等情况，生产工艺流程是不尽相同的。通常有两类生产工艺流程：一类是简单动力配煤生产工艺流程；另一类是现代化大型动力配煤生产工艺流程。

简单动力配煤生产线工艺流程如图 2-38 所示。用装载机将不同性质的单种原料煤装入不同的储煤斗，通过圆盘给料机或箱式给煤机对出煤闸门的调节，控制各单种原料煤出煤量，不同的煤经滚筒筛或振动筛等筛分设备进行筛分和混配，筛下物成为动力配煤，筛上物经粉碎后掺入动力配煤中，然后作为成品储存或外运。一般中小型配煤场常用这种简单的工艺流程。该生产工艺流程比较简单，其配比计量是靠体积比来估算，混合掺配是靠煤在运输胶带上的叠加，再经过滚筒筛的滚转搅拌来实现，虽然加工出来的配合煤质量不大稳定，但一般能满足工业锅炉正常燃烧的要求。

对于工业用煤量较大的城市或企业，简单的配煤工艺不能满足用户对配煤数量和质量的要求。在这些地方建立的配煤生产线，机械化和电子化程度较高：取料基本是专用设备，如滚轮取料机或斗轮取料机等；配比计量单位是靠电子胶带秤计量，按一定比例调节

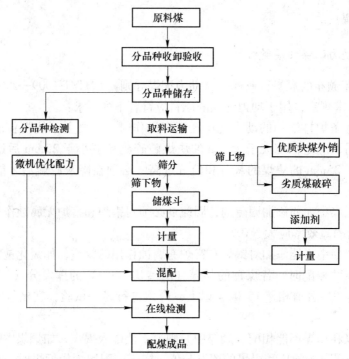

图 2-37　动力配煤原则工艺流程

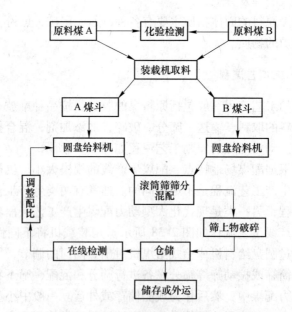

图 2-38　简单动力配煤生产线工艺流程

胶带的速度进行配料；混配的质量控制由在线分析仪监控。这类配煤生产线加工量大。由于原料煤中常混有优质块煤，因此在生产工艺流程中应先将优质块煤筛出后再混合，筛出的优质块煤单独存放和销售，以提高经济效益。这类动力配煤典型生产工艺流程如图 2-39所示。

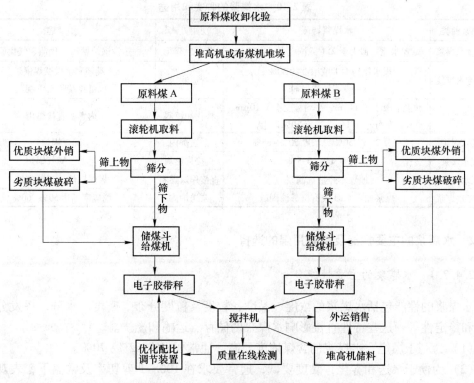

图 2-39 现代化大型动力配煤生产线工艺流程

为了使动力配煤有更高的燃烧效率并降低 $SO_2$ 的排放量，在动力配煤中还有一种配加可以催化燃烧和固硫的添加剂的生产工艺，添加剂的加入量仅为配煤量的 0.3%~0.5%。其生产工艺流程如图 2-40 所示。

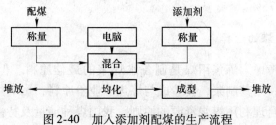

图 2-40 加入添加剂配煤的生产流程

## 2.4 水煤浆技术

### 2.4.1 水煤浆的概念及分类

水煤浆是由大约 70%的煤、29%的水和 1%的添加剂通过物理加工得到的一种低污染、高效率、可管道输送的代油煤基流体燃料。它具有与石油一样的稳定性及流动性，易于装卸、储存、输送及直接雾化燃烧，可代替石油广泛用于工业锅炉、工业窑炉和电站锅炉，应用范围可涉及宾馆、医院、学校等需要燃料的各行各业，亦可作为气化原料，用于合成氨、合成甲醇、合成尿素等化工项目中。

水煤浆的种类和用途见表 2-10。

表 2-10　水煤浆的种类和用途

| 水煤浆种类 | 水煤浆特征 | 使用方式 | 用　途 |
|---|---|---|---|
| 高浓度水煤浆 | 煤水比一般大于2∶1或浓度大于60% | 泵送、雾化 | 直接作锅炉燃料（代油、气化原料） |
| 中浓度水煤浆 | 煤水比约1∶1或浓度约50%，一般不加添加剂 | 管道输送 | 终端经脱水供燃煤锅炉，也可终端脱水再制浆 |
| 精细水煤浆 | 粒度上限小于44μm，平均粒度小于10μm，灰分小于1%，浓度50%以上 | 替代油燃料 | 内燃机直接燃用 |
| 煤泥水煤浆 | 灰分25%~50%，浓度50%~65% | 泵送炉内 | 燃煤锅炉 |
| 超纯水煤浆 | 灰分0.1%~0.5% | 直接作燃料 | 燃油、燃气锅炉 |
| 原煤水煤浆 | 原煤不经洗选制浆 | 直接作煤燃料 | 燃煤锅炉、工业窑炉 |
| 脱硫型水煤浆 | 煤浆加入CaO或有机碱液固硫 | 泵送炉内 | 脱硫率可达50%~60% |

## 2.4.2　水煤浆的主要性能及制浆用煤的选择

### 2.4.2.1　水煤浆的主要性能

水煤浆的性能包括水煤浆的浓度、黏度、粒度及粒度分布、密度、水分、挥发分、发热量和稳定性等。这些特性直接影响水煤浆的储存、运输和燃烧。

（1）为利于燃烧，水煤浆的含煤浓度要高，通常要求在62%~70%。

（2）为便于泵送和雾化，黏度要低，通常要求在100S-1剪切率及常温下，表观黏度不高于1000~1200mPa·s。

（3）为防止在储、运过程中产生沉淀，应有良好的稳定性，一般要求能静置存放一个月不产生不可恢复的硬沉淀。

（4）为提高煤炭的燃烧效率，其中煤粒应达到一定的粒度，一般要求粒度上限为300μm的含量不少于75%。

### 2.4.2.2　制浆用煤的选择

仅从煤的成浆性考虑，炼焦用煤是制备水煤浆的最佳原料。但从我国煤炭资源结构看，炼焦煤种资源少，用其制浆，会造成与炼焦工业争原料，影响炼焦工业的发展。煤炭加工利用，必须服从合理利用煤炭资源的原则。我国煤种储量及特性见表2-11。从表2-11可以看出，我国低阶动力煤种资源丰富，其价格大约是中阶煤的一半，特别是我国许多低阶煤（如神木和大同），不入洗就是"三低""两高"（低灰、低硫、低磷、高挥发分、高发热量）的优质动力煤，尽管其成浆性不如炼焦煤种，但也能制备出高浓度浆，并且产品成本低，具有价格优势。大同年产100万吨水煤浆厂的建成投产就是一个成功的典范。所以我国制浆用煤应定位于动力煤，特别是低阶动力煤。

表 2-11　我国各煤种储量比例和特性

| 煤种 | 无烟煤 | 贫煤 | 瘦煤 | 焦煤 | 肥煤 | 气煤 | 弱黏煤 | 不黏煤 | 长焰煤 | 褐煤 |
|---|---|---|---|---|---|---|---|---|---|---|
| 比例/% | 8.99 | 2.23 | 3.06 | 3.34 | 5.71 | 11.08 | 3.37 | 29.98 | 24.51 | 7.73 |
| 燃烧性 | 差 | | | 中　等 | | | 良　好 | | | |
| 成浆性 | 好 | | | 很　好 | | | 较　差 | | | 差 |

### 2.4.3 水煤浆添加剂

除了选择合适的制浆用煤和最佳粒度级配外，添加剂是提高水煤浆的品质或成浆性（黏度、稳定性）的有效手段。根据水煤浆的使用要求和添加剂的功能，添加剂主要有分散剂、稳定剂和其他化学助剂，如 pH 值调整剂、消泡剂、表面改性剂、离子封堵剂等。添加剂主要在煤水界面之间起作用，其添加效果和制浆用煤的性质特别是表面化学性质以及制浆用水的水质关系密切。

添加剂成本在制浆成本中仅次于制浆用煤，因此，在选择和配制添加剂时不能盲目追求添加性能的高效，而是要综合考虑经济因素，在满足用户对产品要求的前提下，追求添加剂配方的性价比最优。

#### 2.4.3.1 分散剂

分散剂是促进分散相在分散介质中均匀分散的化学药剂。对水煤浆来讲，分散相就是煤炭颗粒，分散介质就是制浆用水。分散相粒度越细，均匀分散的可能性越大。但颗粒越细，比表面积越大，体系的表面自由能越大，热不稳定性越强，颗粒间会自发聚结以减少相界面。胶体化学中，分散相聚结后形成更大团粒，会加速沉淀。因此，胶体化学中分散的作用和目的主要是防止分散相沉淀，保持胶体的稳定性。

分散剂可划分为离子型和非离子型两大类。一般来讲，离子型分散剂的分散机理主要以改善亲水性和静电排斥为主，非离子型分散剂的分散机理主要以空间位阻和改善亲水性为主。

水煤浆分散剂要根据制浆用煤的表面化学性质来选择。一般来讲，阴离子型分散剂以烷烃或芳烃为疏水基团，以磺酸根或羧酸根为亲水基团；非离子型分散剂以烷基、烷基苯或烷基苯酚为疏水基团，以醚键为亲水基团。一般应选择和煤炭表面结构相近的芳烃作为添加剂的疏水基，以便添加剂更容易地在煤炭颗粒表面吸附。常用的水煤浆分散剂见表2-12。

**表 2-12 常用的水煤浆分散剂**

| 分散剂类型 | | 代 表 物 |
|---|---|---|
| 阴离子型分散剂 | 聚烯烃系列 | 马来酸与环戊二烯的聚合物钠盐、聚乙烯磺酸盐、聚二烯磺酸盐、聚苯乙烯磺酸盐、异丁烯顺丁烯二酸酐聚合物钠盐等 |
| | 聚丙烯酸系列 | 丙烯酸与苯乙烯聚合物钠盐、丙烯酸与丙烯酰胺共聚物钠盐、聚丙烯磺酸盐等 |
| | 木质素磺酸盐系列 | |
| | 腐殖酸盐系列、磺化腐殖酸盐系列 | |
| | 取代基聚萘磺酸盐 | |
| | 羧酸盐及磷酸盐系列 | 多环多元羧酸、聚羧酸盐、多聚磷酸盐、羟基苯甲酸聚合物钠盐 |
| 非离子型分散剂 | 聚氧乙烯系列 | 山梨糖醇聚氧乙烯醚、月桂醇聚氧乙烯醚 |
| | 聚氧乙烷系列 | |

### 2.4.3.2　稳定剂

水煤浆稳定剂的作用就是促使在水中已经分散的煤炭颗粒能够和周围其他颗粒和水形成一种较为脆弱但又有一定刚度的三维空间结构。这种空间结构在水煤浆静止时可以有效防止颗粒沉淀，即使沉淀也是松软可恢复的软沉淀。即一旦受到外力剪切作用，沉淀结构破坏，黏度可以迅速下降。

稳定剂一般不和分散剂同时加入，而是在加入分散剂并经捏混搅拌成浆后再加入。这是因为先加入的分散剂在煤炭颗粒表面吸附后形成吸附层，吸附层外又有一层水化膜，它们和煤粒构成一个新的整体"浆粒"。稳定剂后加只是将这些浆粒与周围浆粒和水交联起来，并不影响浆粒的结构。否则，如果添加顺序相反或者同时添加，就会直接影响分散剂的效用和水煤浆的分散性。

大多数天然多糖类高分子聚合物，如 Guar 胶、Xanthan 胶、黄原胶等均用做稳定剂。聚丙烯酰胺絮凝剂和羧甲基纤维素（CMC）作为水煤浆稳定剂得到较多的应用，添加量只需 0.01%。无机盐和一些微细的胶体粒子如有机膨润土等也有较好的稳定作用。

### 2.4.3.3　其他辅助添加剂

许多分散剂具有起泡功能，而气泡对水煤浆有害，因此，当使用具有较强起泡性的分散剂时，需同时配用消泡剂。

添加剂的水解度以及其与煤炭颗粒表面和其他物质的作用均受溶液酸碱性的影响。水煤浆一般以弱碱性气氛为好。为了获得合适的酸碱性，往往需要添加 pH 值调整剂。

为了改善煤炭颗粒表面和添加剂分子的相互作用，促进添加剂分子的吸附，有时需要添加煤炭颗粒表面改性剂。我国学者开发了多种有效的表面改性剂。例如，低煤化程度煤表面增湿改性剂可以使接触角只有 10° 左右的低煤化程度难成浆煤种的接触角提高到 50° 左右，显著提高了制浆效果；磺酸盐阴离子添加剂的促进剂可以阻止磺酸基在煤炭颗粒表面的化学反吸附，和水中高价金属离子形成水不溶物，不但削弱了高价金属离子的不良影响，生成的水不溶物还可以堵塞煤粒表面微孔，降低药剂消耗；GW 助剂可以改变煤粒表面电荷符号，促使阴离子添加剂的吸附，使添加剂耗量减少近一半。

## 2.4.4　水煤浆制浆工艺

### 2.4.4.1　制浆工艺的主要环节

水煤浆制浆工艺包括选煤（脱灰、脱硫）、破碎与磨矿、加入添加剂、捏混与搅拌以及滤浆等环节。

选煤的目的是：

（1）为了满足用户对水煤浆灰分、发热量以及硫分的要求。

（2）选取有良好成浆性和燃烧特性的制浆用煤。

（3）满足水煤浆燃烧器对煤灰熔融性的要求。

破碎和磨矿都是为了将制浆用煤加工到需要的粒度和能达到较高堆积效率的粒度分

布。破碎和磨矿是制浆工艺的核心，也是能耗最大的工序。磨矿可用干法，也可用湿法；可以是一段磨矿，也可以是由多台磨机构成的多段磨矿。

捏混主要是在干磨和中浓度磨矿时，使煤炭颗粒、水和添加剂充分混合，初步形成具有一定流动性的浆体，便于下一步搅拌混匀。搅拌不仅可以使水煤浆混合均匀，而且更重要的是通过搅拌使浆体受到强剪切，加强添加剂和煤炭颗粒表面的相互作用，改善浆体流动性能。

滤浆就是及时清除纸浆过程中产生的超大颗粒和杂物。这些超大颗粒和杂物如果不及时清除，会对水煤浆的储运和燃烧产生不良影响。

除此之外，水煤浆制浆系统还包括煤量、煤炭全水分、水量、添加剂量、煤浆流量、料位和液位的在线检测装置以及煤量、水量和添加剂的定量加入等装置。

### 2.4.4.2　水煤浆制浆工艺类型

水煤浆制浆工艺主要根据磨矿方式划分，有湿法制浆、干法制浆、干湿法联合制浆。

**A　湿法制浆**

湿法制浆就是将制浆用煤和水、添加剂混合后共同磨矿制浆，这是最常用的制浆工艺。根据磨矿浓度的不同，湿法制浆有高浓度磨矿制浆，中浓度磨矿制浆和高、中浓度磨矿级配制浆。

（1）高浓度磨矿制浆。高浓度磨矿制浆就是将制浆用煤、水和分散剂一起按产品要求浓度加入磨机一次磨矿成浆。高浓度条件下，磨矿介质表面可以黏附较多的煤炭颗粒，可以制得较多的细颗粒，改善煤的粒度分布，堆积效率高。分散剂直接加入磨机可以及时充分地和煤颗粒的新生表面接触，提高制浆效率。但高浓度磨矿的产能低于中浓度磨矿，对磨机结构和运行参数要求较高。单台磨机运行限制了对粒度分布的调整。高浓度磨矿制浆工艺流程如图2-41（a）所示。该工艺在国内外使用最为广泛，我国建设的燃料浆厂和德士古气化用浆厂都是采用该工艺。

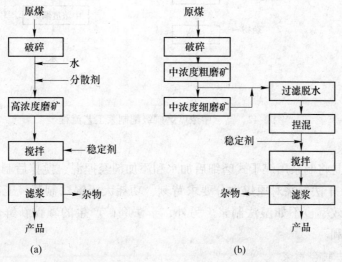

图2-41　高浓度磨矿和中浓度磨矿制浆工艺流程

（a）高浓度磨矿制浆工艺流程；（b）中浓度磨矿制浆工艺流程

（2）中浓度磨矿制浆。中浓度磨矿制浆是先采用较低的浓度（50%）磨矿，磨矿产品经分级、过滤和脱水等环节调制成符合要求浓度的水煤浆产品。中浓度条件下，煤容易磨细，磨机产能较高，能耗较低，粒度容易控制。但中浓度磨矿工艺过程复杂，煤浆粒度分布的堆积效率不高。为了获得较好堆积效率的粒度分布，一般采用两段磨矿制浆。其工艺流程如图2-41（b）所示。该工艺曾被引进瑞典流体炭公司制浆技术的北京水煤浆厂采用。由日本日挥公司提供技术的中日合资兖日制浆厂最初采用该工艺，后改为高、中浓度磨矿级配制浆工艺。

（3）高、中浓度磨矿级配制浆。为了解决高浓度磨矿和中浓度磨矿制浆工艺存在的问题，也可以将二者结合起来实行联合磨矿。图2-42（a）是中日合资兖日制浆厂工艺。高浓度磨矿和中浓度磨矿各自独立工作，互不干扰。中浓度磨矿产品过滤脱水后和高浓度磨矿产品捏混搅拌，最后经滤浆获得最终产品。该工艺有利于粒度分布的控制和调整，可以获得较高的堆积效率，但过滤脱水环节仍不能省却。图2-42（b）为中国矿业大学（北京）为适应难制浆煤种提出的工艺，该工艺的特点是高浓度粗磨产品的一部分作为中浓度细磨的来料，中浓度细磨产品返回高浓度磨机。由于细磨原料来自粗磨产品，可以减少细磨破碎比，有利于提高细磨效率。细磨产品返回粗磨，有利于调节和改善高浓度粗磨的粒度分布。由于细磨环节只起改善级配的效果，对提高处理能力贡献较小，因此，整个系统能耗增加。

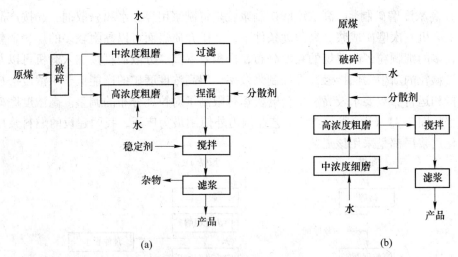

图2-42　高、中浓度磨矿级配制浆工艺流程

B　干法制浆

干法制浆就是将制浆用煤干式磨细后加水和添加剂经捏混、搅拌后制浆。其工艺流程如图2-43所示。干法制浆对原煤水分要求苛刻，功耗大于湿法制浆，工艺过程也比湿法制浆复杂，堆积效率也不如湿法制浆。另外，干法磨矿产生的颗粒新鲜表面会很快被氧化，对成浆很不利。

C　干、湿法联合制浆

干、湿法联合制浆就是将干法磨矿产品的一部分进行中浓度湿法磨矿。湿法磨矿产品和干磨产品捏混搅拌后制得成品浆。联合制浆比干法制浆效果好，可以实现粒度的双峰级配,提高堆积效率,提高浆体质量。但其由于工艺主体仍是干法磨矿,没能摆脱干法制浆的固有缺点,因此使用较少。联合制浆工艺流程如图2-44所示。

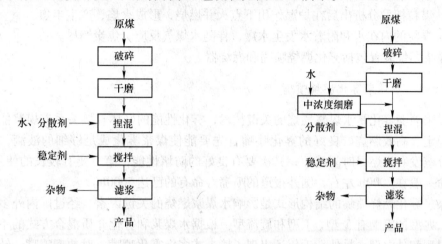

图 2-43　干法制浆工艺流程　　　图 2-44　干、湿法联合制浆工艺流程

D　其他水煤浆制浆工艺

煤油水三元料浆是磨细的煤粉分散于油和水形成的多级分散悬浮液,具有非牛顿流体的假塑性流体特征。如可以将烟煤气化中产生的焦油渣、酚水和细煤尘混合制成煤油水浆。制备煤油水浆的关键是选择合适的乳化剂。

将煤料磨矿至平均粒度在 10μm 以下,通过氢氟酸、苛性钠、油团聚、选择性絮凝、选择性团聚等高效脱灰方法将灰分降至1%以下,可以制得能代替柴油、直接用于农用柴油机的超净精细水煤浆。最近,日本研究人员通过以上方法和溶剂萃取,制备出了灰分只有0.05%的超级无灰煤,用这种无灰煤制备的超级无灰水煤浆甚至可以代替柴油和汽油做普通车用燃料。

褐煤具有高挥发分、低灰分的特点。但是其由于含水高,表面亲水性太强而成浆性较差,一般不宜做制浆用煤。通过热水干燥、真空干燥、焦油蒸气改质等方法,可以使褐煤大幅度脱水并封堵表面孔隙,改善其吸水性。改质后的褐煤具有较好的成浆性,可以制备浓度在60%以上的褐煤水煤浆。

随着机械化采煤技术的推广和原煤入选量的急剧增加,作为选煤厂尾煤的煤泥量也不断增多。其由于灰分较高,粒度太细,难以作为固体燃料使用,但可以利用其这一特征,甚至无需磨矿和添加剂即可制备对质量要求不高的经济型水煤浆,制浆成本极其低廉。

用工业废水,如焦化厂废水和造纸黑液直接制备水煤浆,不仅可以充分利用工业废水中化学物质作为水煤浆添加剂,还可以大大减轻废水直接排放对环境的污染。如中国矿业大学(北京)和浙江大学开发了造纸黑液直接制备水煤浆的工艺。另外,在水煤浆中加入适量的钙基固硫剂制备的固硫型水煤浆,脱硫率可达50%~60%。

## 2.4.5　水煤浆的燃烧技术

水煤浆是由煤粉和水混合而成的粗分散状态的流浆体,其燃烧特性既不同于重油,也不同于煤粉。它的燃烧要经过以下几个阶段:

（1）水煤浆由雾化器物化成液滴喷入燃烧室，液滴往往由若干煤粒和水共同组成。

（2）喷入燃烧室的液滴在炉膛温度作用下，水分快速加热蒸发，煤粒结团。

（3）煤粒挥发分析出后在炉温作用下点火并燃烧，形成火焰，产生半焦。

（4）煤粒的内在水和附着水发生水爆，伴随水煤气反应，焦炭燃尽。

水煤浆燃烧装置包括雾化燃烧喷嘴和燃烧器。

### 2.4.5.1　水煤浆雾化燃烧喷嘴

水煤浆喷嘴雾化是水煤浆燃烧的关键技术，雾化性能的好坏直接关系着煤浆能否顺利着火和稳定、高效燃烧。良好的雾化喷嘴首先要能使煤浆雾化成足够细的液滴，液滴越小，水分蒸发和炭燃尽时间越短；其次要有良好的防堵性能；第三要有较长的使用寿命，喷嘴寿命一般在 2000h 左右，国外报道的喷嘴寿命有的已达 5000h。

水煤浆雾化燃烧喷嘴的结构形式是影响水煤浆燃烧的关键因素。经过国内外多年的研究开发，典型的喷嘴有 Y 型、T 型和旋流型。根据水煤浆和雾化介质混合方式的不同，喷嘴有内混型和外混型，另外，近年还出现了撞击式多级雾化喷嘴、对冲型喷嘴、转杯型喷嘴和超声波喷嘴等。

（1）Y 型喷嘴。这是目前使用最广泛的水煤浆喷嘴。煤浆和高速气流以一定的角度成 Y 形相交、冲击而使煤浆雾化。一般地，Y 型喷嘴的煤浆沿斜孔方向进入混合室，雾化介质（压缩空气或蒸气）沿直线方向进入混合室，并冲击从斜孔进入的煤浆。一部分煤浆被直接冲击成为雾滴，另一部分煤浆被气流冲向混合室壁面形成流动薄膜。薄膜离开喷嘴后，失去壁面支撑，不稳定波动后全部雾化。Y 型喷嘴结构简单（见图 2-45），雾化性能较好，但容易堵塞与脱火。Y 型喷嘴有标准型、对称型和环型等形式。

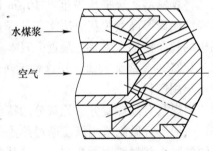

图 2-45　Y 型喷嘴结构

（2）T 型喷嘴。T 型喷嘴实际上是 Y 型喷嘴的一种演变形式。它的特点是雾化介质与煤浆成垂直方向进入混合室。这样，雾化介质可以最大限度地和煤浆进行动量交换，使雾化介质动量得以充分利用。日挥公司 T 型喷嘴结构如图 2-46 所示。

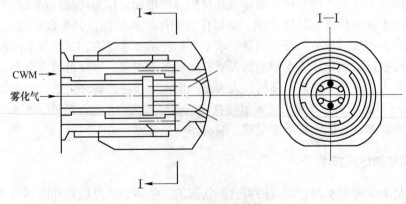

图 2-46　T 型喷嘴结构

（3）旋流型喷嘴。煤浆由分配孔经螺旋槽流入，在旋流室内旋转流动，在离心力作用下，煤浆形成空心薄层转圆环。煤浆经雾化喷嘴后形成的空心锥膜与雾化介质相遇受到冲击破碎雾化。与此同时，雾化介质还以较高的相对速度冲刷贴壁流动的煤浆薄膜，使煤浆薄膜受到切向应力作用而破碎雾化。典型的旋流型喷嘴结构如图 2-47 所示。

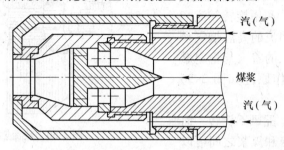

图 2-47  旋流型喷嘴结构

（4）撞击式多级雾化喷嘴。煤浆和雾化介质先经过一级或多级 Y 型或 T 型雾化后，气浆二相流一起以适当的速度撞击出口处撞击件，产生机械撞击雾化从出口喷出。撞击式雾化喷嘴结构如图 2-48 所示。

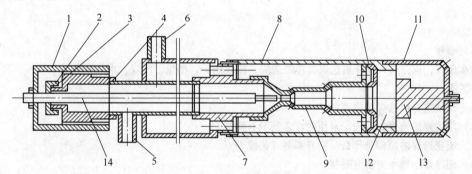

图 2-48  撞击式多级雾化喷嘴结构

1—传动件；2—压盖；3—密封圈；4—固定件；5—进浆管；6—进气（汽）管；7—喷嘴室；8—外壳；
9—内混件；10—T 型雾化件；11—外罩；12—混合室；13—内撞击反向器；14—通针（或中心喷管）

（5）转杯型喷嘴。煤浆随着一个高速旋转的转杯一起转动，利用转杯高速旋转所产生的离心力使煤浆在转杯内逐渐变薄加速。从转杯出口甩出的薄煤浆层受到高速旋转气流作用很快被雾化成雾滴并形成雾炬。转杯型喷嘴的结构如图 2-49 所示。

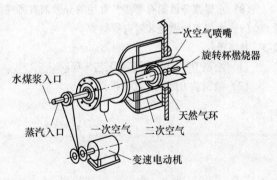

图 2-49  转杯型喷嘴结构

#### 2.4.5.2  水煤浆燃烧器

水煤浆燃烧器又称配风器，是水煤浆燃烧的又一关键技术。水煤浆着火热量主要来源于高温烟气的对流加热，必须通过合理有效的配风使水煤浆雾化炬得到充分有效的加热。因此，合理配风是水煤浆着火和稳定燃烧的关键。同时，合理配风也可以加强燃烧室内湍流动态效果，提高煤浆燃烧速度和燃烧效率，控制 $NO_x$ 的生成和排放，提高水煤浆的燃烧经济性。常用的水煤浆燃烧器有旋流燃烧器和角置燃烧器。

（1）旋流燃烧器：利用旋转气流产生合适的回流区，用回流的高温烟气来加热水煤浆，保证煤浆的着火与稳定燃烧。旋流燃烧器的工作原理如图 2-50 所示。

（2）角置燃烧器：配风不旋转，而是以直流式喷出。风流和煤浆之间可以通过直流射流与自由射流、不等温射流、受限射流和平行同心射流等多种射流组合实现混合燃烧。

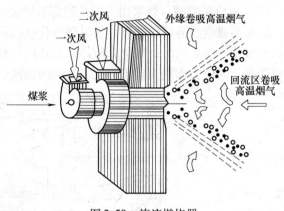

图 2-50　旋流燃烧器

# 习　题

2-1　名词解释

跳汰选煤，重介质，重介质选煤，浮游选煤，流膜选矿，型煤，配煤，水煤浆

2-2　简答题

（1）简述重介质选煤的原理。

（2）简述浮游选煤的原理。常用的浮选药剂有哪些？

（3）流膜选煤的原理是什么？它有哪些工艺流程？

（4）超净煤的制备方法有哪些？

（5）水煤浆产品如何分类？

（6）水煤浆的主要性能有哪些？

（7）水煤浆的典型制浆工艺有哪些？各有何特点？

（8）水煤浆分散剂有哪些？常用的分散剂有哪些物质？

（9）水煤浆的燃烧装置有哪些？

2-3　技能操作

（1）绘制 DSK 法冷压成型工艺流程。

（2）绘制动力配煤工艺流程。

# 煤炭的高效燃烧技术

煤炭的高效燃烧是将煤炭作为燃料使用，它分为将煤炭的化学能转化为热能直接加以利用和将煤炭的化学能先转化为热能再转化为电能加以利用。

## 3.1 概述

煤的洁净燃烧技术包括以下三个方面：煤燃烧前的净化加工技术、煤燃烧过程中的污染物生成控制技术以及煤燃烧后的净化处理技术。煤炭高效洁净燃烧技术是在煤的燃烧过程中提高效率、减少污染物排放的技术，是我国洁净煤技术的核心内容。

### 3.1.1 粉煤燃烧

粉煤燃烧是指把煤磨成细粉并随空气一起喷入炉膛空间，在悬浮状态下的燃烧。

#### 3.1.1.1 粉煤燃烧方法

目前粉煤燃烧的利用率低，不完全燃烧损耗和污染严重。虽然采用了各种新型的燃烧方式，包括热回流技术、高浓度煤粉燃烧、有限空间内初期燃烧强化等，但仍未令人满意。近些年又出现了新的高效燃烧方案，如催化燃烧、脉动燃烧、高温空气燃烧、低 $NO_x$ 燃烧技术、$CO_2$ 再循环技术等。

（1）催化燃烧。煤的催化燃烧是指在煤中加入适当的催化剂，如碱金属盐和碱土金属盐（$K_2CO_3$、$Na_2CO_3$、$CaCO_3$）、过渡金属化合物（$CuO$、$ZnCl_2$、$CuSO_4$、$ZnO$）等，使煤的燃烧状况改变，火焰稳定，并提高效率。研究认为煤催化燃烧的机理是：碱金属盐在煤催化着火中，提高了挥发分产量，改变了挥发分的成分，结果降低了煤的气相着火温度和固相着火延迟时间。催化剂在着火过程中充当了氧的活化载体，促进了氧化从气相空间向炭表面的扩散，氧转移的结果使固定炭着火温度降低。所有的这些因素对煤的催化着火起到十分有利的作用，加速了煤催化着火的过程。

（2）脉动燃烧。脉动燃烧是一种节能、低污染的新型燃烧技术，是介于正常燃烧和爆炸之间的一种燃烧方式。这种燃烧方法主要体现燃烧过程的脉动性，强化了燃烧和排出气流中质量、动量和热量的传递过程。

1）燃烧效率高。气流的强烈脉动，极大地改善了反应物间的扩散掺混和传热传质过程，从而大幅度提高燃烧效率，在很低的过量空气条件下，燃烧效率可达 98%~100%。

2）热效率高，传热系数大。脉动燃烧充分，所需过量空气少，且具有自行排气功能，故可大大降低排气热损失，使总热效率提高到 95%~98%。

3）排烟污染小。脉动燃烧器内强烈的气流脉动，使煤粉燃烧充分，排出尾气中的 CO、NO 和烟尘等含量降低。

4）脉动燃烧器结构简单，体积小，具有自吸、自燃及正压排气的特点。

脉动燃烧主要的缺点是噪声大，会引起系统组件的振动，对构件的强度和工作的可靠性造成了不利的影响。故在结构设计时必须严格保证一定的声学条件和某些部件的强度，这也使得脉动燃烧器的设计难度加大。

（3）高温空气燃烧。高温空气燃烧是 20 世纪 90 年代得到迅速发展的一种高新燃烧技术。它是指燃料在空气预热到 1200℃ 甚至更高的温度，然后在较低的氧浓度（约 5%）的炉内燃烧。高温空气燃烧火焰稳定，燃烧效率高，且 $NO_x$、CO 的排放量低，达到高效低污染的要求。

高温空气燃烧技术以其烟气余热的极限回收和 $NO_x$ 低排放的突出特点，吸引着日本、英国、德国、美国等国开展深入的研究工作，并已有工业应用的范例。但是，目前的研究和开发的燃烧器主要是针对煤气等气体燃料，煤粉的高温空气燃烧的技术关键是解决蓄热体的堵塞问题。现日本已开发出高温空气燃煤锅炉。在我国，工业生产用的燃料 80% 是煤，研制开发出燃煤高温空气燃烧器，具有重大的现实意义，但是国内对这方面的研究还是空白，今后应加强开展煤粉的高温低氧燃烧技术研究。

（4）低 $NO_x$ 燃烧。低 $NO_x$ 燃烧技术与以上几种技术相比，是比较成熟的，有的已用于工业生产。常见的低 $NO_x$ 燃烧技术主要有低 $NO_x$ 燃烧器技术、空气分级燃烧技术、燃料分级燃烧技术（又称再燃技术）和烟气再循环技术。

低 $NO_x$ 燃烧技术就是通过控制燃烧区域的温度和空气量，以达到阻止 $NO_x$ 生成及降低其排放的目的。现代低 $NO_x$ 燃烧技术将煤质、制粉系统、燃烧器、二次风及燃尽风等技术作为一个整体考虑，以低 $NO_x$ 燃烧器与空气分级为核心，在炉内组织适宜的燃烧温度、气氛与停留时间，形成早期的、强烈的、煤粉快速着火欠氧燃烧，利用燃烧过程产生的氨基中间产物来抑制或还原已经生成的 $NO_x$。目前对低 $NO_x$ 燃烧技术的要求是在降低 $NO_x$ 的同时，使锅炉燃烧稳定，且飞灰含碳量不能超标，并兼顾锅炉防结渣与腐蚀等问题。

### 3.1.1.2　粉煤的燃烧阶段与过程

如图 3-1 所示，粉煤燃烧的三个阶段为：粉煤气流的着火阶段、燃烧阶段、燃尽阶段。其基本过程为：水分蒸发、过热，挥发分析出；挥发分着火燃烧，焦炭被加热；焦炭着火燃烧，在短时间内大部分可燃质燃烧；灰渣中很少的、剩余的可燃质燃烧完全。

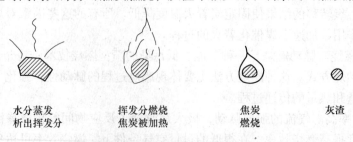

水分蒸发　　　　挥发分燃烧　　　　焦炭　　　　　灰渣
析出挥发分　　　焦炭被加热　　　　燃烧

图 3-1　粉煤燃烧阶段与过程

（1）粉煤气流的着火。要使煤粉着火快，可以从两方面着手：

1）尽量减少煤粉气流加热到着火温度所需的热量，这可以通过对燃料预先干燥、减少输送煤粉的一次风风量和提高输送煤粉的一次风风温等方法来达到；

2）尽快给煤粉气流提供着火所需要的热量，这可以通过提高炉温和使煤粉气流与高温烟气强烈混合等方法来实现。

（2）粉煤气流的燃烧。燃烧阶段包括挥发分和焦炭的燃烧。在离喷口 1~2m 的距离内，大部分挥发分已析出并燃烧。焦炭的燃烧常要延续 10~20m 以上，且不易燃烧完全。因此使炉内保持足够高的温度、保证空气充分供应并使之强烈混合，对于组织好焦炭的燃烧都是十分重要的。

（3）粉煤气流的燃尽。燃尽阶段是燃烧阶段的继续。这一阶段的特点是氧气供应不足，风粉混合较差，空间温度较低，以致这一阶段需要的时间较长。如燃烧烟煤时，在到炉膛出口约 8m 的距离内仅燃烧了不到 1% 的未燃尽部分。所以，为了使煤粉在炉内尽可能燃尽，以提高燃料的利用率，应保证燃尽阶段所需要的时间，并应设法加强扰动来击破灰衣，以改善风粉混合，使灰渣中的可燃物燃透烧尽。

### 3.1.2　先进的燃烧器

#### 3.1.2.1　PM 型低 $NO_x$ 燃烧器

图 3-2 所示的 PM 型燃烧器为低 $NO_x$ 燃烧器，用于粉煤的切向燃烧方式，能使燃烧产物中的 $NO_x$ 含量大幅降低。

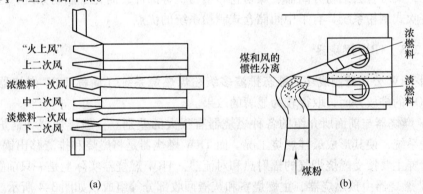

图 3-2　PM 型浓淡煤粉燃烧器
（a）燃烧器横截面；（b）燃烧器正视图

此种燃烧器的关键是分离器，它靠近燃烧器的一次风管入口管段有一个弯头，连接两个喷口，依靠弯头的惯性分离作用，将煤粉气流分为浓煤粉和淡煤粉，浓粉流进入上喷口，淡粉流进入下喷口。

弯头内侧还设有调节装置，可以调节煤粉浓度的大小；燃烧器上还设置有火上风喷口和再循环烟气喷口（简称 SGR 喷口），目的是控制一次风和二次风、浓煤粉和淡煤粉气流的混合，以便在浓煤粉气流喷口附近形成还原性气氛，并降低燃烧中心的温度。

PM 型燃烧器实际上是集烟气再循环、分级燃烧和浓淡燃烧于一体的低 $NO_x$ 燃烧系统，既可稳定燃烧，又可抑制 $NO_x$ 的生成。

#### 3.1.2.2　PAX 型燃烧器

PAX 型燃烧器是一次风可以置换的燃烧器，如图 3-3 所示，此燃烧器是 B&W 公司在旋流分级燃烧器基础上开发出来的一种新型煤粉燃烧器。

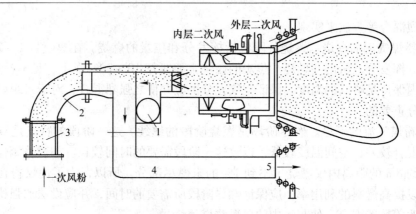

图 3-3　PAX 型燃烧器

1—热空气；2—分离板；3—偏心管；4—乏气管；5—乏气喷口

这种燃烧器与直吹式制粉系统配套使用，来自制粉系统的乏气约有一半可被高温热风置换，这样提高了入炉的一次风气粉混合物的温度，减少了一次风粉混合物的着火热，对低挥发分煤的着火燃烧十分有利。采用此燃烧器，既可使一次风温达到中储式热风送粉系统的水平，又可省去细粉分离器、煤粉仓和给粉机等部件，简化了制粉系统，还在一定程度上使直吹式制粉系统具有了中间储仓式制粉系统的优点。

### 3.1.2.3　TRW 燃烧器

美国 TRW 公司研制成功的液态排渣多级粉煤燃烧系统（简称 TRW 燃烧器）在降低 $NO_x$ 和 $SO_2$ 的排放方面，取得较为显著的效果。

TRW 燃烧器与前面所介绍的各种燃烧器有很大的差别。一般燃烧器和锅炉炉膛成为一个燃烧系统，使其形成最佳燃烧工况。而 TRW 燃烧器是将燃烧和排渣移出锅炉炉膛外，炉膛内管屏主要接受燃烧烟气的辐射热和对流热。TRW 燃烧器实际上是一只前置锅炉。

TRW 燃烧器由预燃烧器、主燃烧室和灰渣回收部分等组成，如图 3-4 所示。

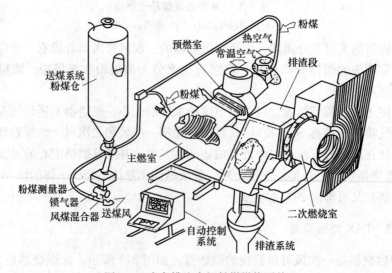

图 3-4　液态排渣多级粉煤燃烧系统

3.1.2.4　旋流式粉煤预热室燃烧器和火焰稳定船式直流型燃烧器

（1）旋流式粉煤预热室燃烧器。旋流式粉煤预热室燃烧器是近年来在我国电站锅炉上使用的一种点火、稳燃燃烧器，它可实现无油或少油点燃烟煤和贫煤，节约点火及低负荷稳燃用油，具有显著的经济效益。图 3-5 是典型的燃用烟煤和贫煤的旋流式预热室。

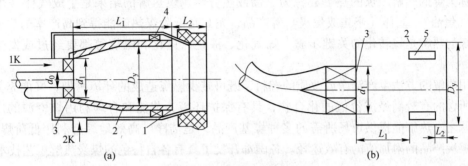

图 3-5　旋流式粉煤预热室结构

（a）烟煤型；（b）贫煤型

1—二次风喷口；2—预燃室筒体；3—一次风轴向叶片旋流器；4—二次风轴向叶片旋流器；

5—二次风切向引入口；1K—一次风进口；2K—二次风进口

（2）火焰稳定船式直流型燃烧器。船形燃烧器是清华大学研究开发的新型燃烧器，其结构特点是在一次风喷口内放置一个船形体作为火焰稳定器，如图 3-6 所示。船形体的尾迹回流区很小，且回流区的一半缩在喷口之内，伸出喷口的回流区长度仅略大于 20mm。

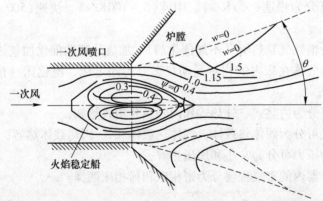

图 3-6　"火焰稳定船"在一次风喷口中的位置及气流特征

煤粉气流经过该稳定器从船形体的四周射出并在喷口不远处形成一股束腰形射流，在束腰部的两侧外缘形成所谓的"三高区"（高氧、高温、高煤粉浓度），成为引燃煤粉气流的良好着火源，从而稳定炉内燃烧。由于船体放在一次风喷口内，无高温烟气大量回流至一次风口处，船体及一次风口处的气流温度大致与一次风温相当（在 100 ~ 300℃ 范围内），不会出现船体及喷口的烧坏问题。

一次风喷出，绕流船体后，形成的回流气体温度不很高，也不直接用回流气体来引燃煤粉，而是在射出喷口后，于回流区外的煤粉气流外缘形成局部的三高区，形成稳定的引燃煤粉气流的良好的着火源，并且通过三股气流的适当运用，可调节稳定着火源的位置、大小和温度，从而适应煤种的改变和负荷的变化，同时三股气流对船体和喷口起到冷却作用。作为主燃烧器长期连续使用可节约大量点火和助燃用油。

## 3.2　煤炭热解技术

煤在隔绝空气的条件下加热至较高温度时发生的一系列物理变化和化学反应的复杂过程，称为煤的热解。煤的热解亦称为干馏或热分解。煤热解的结果是生成气体（煤气）、液体（焦油）、固体（半焦或焦炭）等产品，尤其是低阶煤热解能得到高产率的焦油和煤气。煤的热解是煤转化的关键步骤，煤气化、液化、焦化和燃烧等都要经过或发生热解过程。

用热解的方法生产洁净或改质的燃料，既可减少燃煤造成的环境污染，又能充分利用煤中所含的有较高经济价值的化合物，具有保护环境、节能和合理利用煤资源的广泛意义。总之，热解能提供市场所需的多种煤基产品，是洁净、高效地综合利用低阶煤资源，提高煤炭产品的附加值的有效途径。各国都开发了具有各自特色的煤炭热解工艺技术。

### 3.2.1　煤热解分类及过程

#### 3.2.1.1　热解工艺分类

煤热解按不同的工艺特征有多种分类方法：

按热解温度可分为低温热解即温和热解（500～700℃）、中温热解（700～1000℃）、高温热解（1000～1200℃）和超高温热解（>1200℃）；

按加热速度可分为慢速（<1K/s）、中速（5～100K/s）、快速（500～$10^6$K/s）和闪速（>$10^6$K/s）热解；

按气氛可分为惰性气氛热解（不加催化剂）、加氢热解和催化加氢热解；

按固体颗粒与气体在床内的相对运动状态分为固定床、流化床（落下床）和气流床（夹带床）等热解；

按加热方式可分为内热式、外热式和内外热并用式热解；

按热载体方式可分为固体热载体、气体热载体和气-固热载体热解；

按反应器内的压力可分为常压和加压热解；

按物料在反应器内的密集程度分为密相床和稀相床两类。

#### 3.2.1.2　煤的热解过程

煤热解是一个十分复杂的非均相反应过程，并且与煤的大分子结构密切相关。煤热解是多阶段进行的，在初级阶段首先脱去羟基，然后是某些氢化芳香结构脱氢、甲基断裂和脂环开裂。热解具体过程如下：

（1）芳香环之间的桥键断裂，形成自由基。

（2）自由基部分加氢生成甲烷、其他脂肪烃和水，它们从煤颗粒中扩散出来。

（3）与此同时，较大相对分子质量的自由基被饱和，产生中等相对分子质量的焦油，并从煤颗粒中扩散出来。

（4）相对分子质量大的物质固化缩合形成半焦乃至焦炭，并释放出氢气。

CSIRO 的 P. F. Nelson 等在总结大量实验结果的基础上，提出了煤热解整体模型，描述了煤发生在三个温度阶段的反应。

第一阶段，400～600℃，煤热解生成半焦、焦油、热解水、烃类气体和碳氧化合物。气态烃和碳氧化合物来自煤中的甲氧基、羧基一类的不稳定基团。

第二阶段，在600℃左右，焦油发生二次反应，生成新的气态烃。参加反应的主要是长链的聚亚甲基基团，生成较轻的烯烃，主要是 $C_2H_4$ 和 $C_3H_6$，对于高阶煤，这些反应较少。在700℃，烷基芳烃裂解生成 $CH_4$ 和芳烃，酚类裂解生成 CO 和气态烃。

第三阶段，在800℃，第二阶段反应的产物进一步裂解，生成乙炔、萘酚、苯乙烯、茚等化合物，最终生成 PAH（稠环芳烃）和炭黑。半焦在高温下放出 CO 和 $H_2$，发生聚合反应。

煤热解工艺的选择取决于对产品的要求，并综合考虑煤质特点、设备制造、工艺控制技术水平以及最终的经济效益。慢速热解如煤的炼焦过程，其热解的目的是获得最大产率的固体产品——焦炭；而中速、快速和闪速热解包括加氢热解的主要目的是获得最大产率的挥发产品、焦油或煤气等化工原料。通过煤的热解实现将煤定向转化的目的。

## 3.2.2 煤炭热解技术工艺

到目前为止，国内外研究开发出了多种各具特色的煤热解工艺方法，有的处于实验室研究阶段，有的进入中试实验阶段，也有的达到了工业化生产阶段，如鲁奇-鲁尔法、CO-ED 法、Toscoal 法等。下面介绍几种典型的热解方法。

### 3.2.2.1 鲁奇-鲁尔（Lurgi Ruhrgas）工艺

A 工艺简介

该法是由 Lurgi GmbH 公司（德国）和 Ruhrgas AG 公司（美国）研究开发的，是用热半焦作为热载体的煤低温热解方法，其工艺流程如图 3-7 所示。粒度小于 5mm 的煤粉与焦炭热载体混合后，在重力移动床直立反应器中进行干馏。产生的煤气和焦油蒸气引至气体

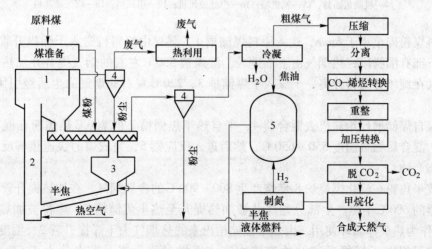

图 3-7 鲁奇-鲁尔法工艺流程

1—半焦分离器；2—半焦加热器；3—反应器；4—旋风分离器；5—焦油加氢反应器

净化和焦油回收系统，循环的半焦一部分离开直立炉用风动输送机提升加热，并与废气分离后作为热载体再返回到直立炉。在常压下进行热解得到热值为 $26 \sim 32MJ/m^3$ 的煤气、半焦以及焦油，焦油经过加氢制得煤基原油。

B　开发应用状况

此工艺过程在处理能力为 12t/d 的装置上已经掌握，并建立了处理能力为 250t/d 的试验装置以及 800t/d 的工业装置。

### 3.2.2.2　大连理工大学固体热载体干馏新技术

A　工艺简介

大连理工大学郭树才等人开发的固体热载体干馏新技术主要实验装置有混合器、反应槽、流化燃烧提升管、集合槽和焦油冷凝回收系统等。简化流程如图 3-8 所示。

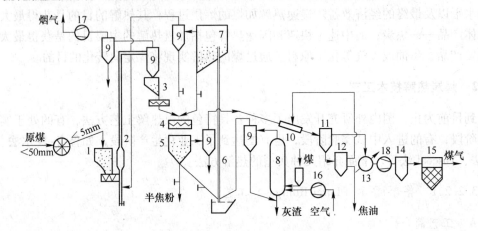

图 3-8　平庄工业试验工艺流程

1—原料煤储槽；2—干燥提升管；3—干煤储槽；4—混合器；5—反应器；6—加热提升管；7—热半焦储槽；
8—流化燃烧炉；9—旋风分离器；10—洗气管；11—气液分离器；12—焦液分离槽；13—煤气间冷器；
14—机除焦油器；15—脱硫箱；16—空气鼓风机；17—引风机；18—煤气鼓风机

原料煤粉碎至小于 6mm，送入原料煤储槽 1，湿煤由给料机送入干燥提升管 2，干燥提升管下部有沸腾段，热烟气由下部进入，湿煤被 550℃ 左右的烟气提升并加热干燥。干煤与烟气在旋风分离器分离，干煤入干煤储槽 3，220℃ 左右的烟气除尘后经引风机 17 排入大气。

干煤自煤储槽经给料机去混合器 4，来自热半焦储槽 7 的 800℃ 热焦粉在混合器与干煤相混，混合后物料温度 550 ~ 650℃，然后进入反应器 5，完成煤的快速热解反应，析出干馏气态产物。

煤或半焦粉在流化燃烧炉 8 燃烧产生 800 ~ 900℃ 的含氧烟气，在加热提升管下部与来自反应器的 600℃ 半焦产生部分燃烧并被加热提升至热半焦储槽 7，焦粉被加热至 800 ~ 850℃，作为热载体循环使用。由热半焦储槽出来的热烟气去干燥提升管 2，温度为 550℃ 左右，与湿煤在干燥提升管脉冲沸腾中完成干燥过程，使干煤水分小于 5%，温度为 120℃ 左右，烟气温度降至 200℃ 左右。反应器下部由产品半焦管导出部分焦粉经过冷却，作为半焦产品出厂。

来自反应器的干馏产物——荒煤气经过热旋风除尘去洗气管 10，喷洒 80℃ 的水冷却和洗涤，降了温的煤气和洗涤水于气液分离器 11 分离，液体水和焦油去焦液分离槽 12 进行油水分离，来自气液分离器的煤气经间冷器 13 间接水冷却，分出轻焦油，煤气经煤气鼓风机 18 加压，经机除焦油器 14 去脱硫箱 15，采用干法脱硫，脱硫后的煤气送至煤气柜储存。

B 开发应用状况

此技术已完成多种油页岩、南宁褐煤、平庄褐煤和神府煤的 10kg/h 的实验室实验，在内蒙古平庄煤矿进行了能力为 150t/d 的褐煤固体热载体热解的工业性实验并建成 5.5 × $10^4$ t/a 的工业示范厂。

### 3.2.2.3 COED 工艺

A 工艺简介

COED（Coal Oil Energy Development）工艺是由美国 FMC（Food Machinery Corporation）和 OCR（Office of Coal Research）开发的，该工艺采用低压、多段、流化床煤干馏。工艺流程如图 3-9 所示。

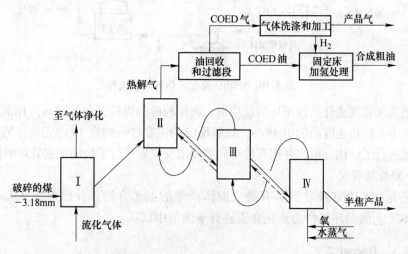

图 3-9 COED 流化床热解工艺
Ⅰ—第一段流化床；Ⅱ—第二段流化床；Ⅲ—第三段流化床；Ⅳ—第四段流化床

平均粒度为 0.2mm 的原料，顺序通过四个串联反应器，其中第一级反应器起煤的干燥和预热的作用，在最后一级反应器中，用水蒸气和氧的混合物对中间反应器中产生的半焦进行部分气化。气化产生的煤气作为热解反应器和干燥器的热载体和流化介质。借助于固相和气相逆流流动，使反应区根据煤脱气程度的要求提高温度，控制热解过程的进行。热解在压力 35~70kPa 下进行，最终产物为半焦、中热值（15~18MJ/m³，标态）煤气以及煤基原油，后者是用热解液体产品在压力 17~21MPa 下催化（Ni-Mo）加氢制得的。

B 开发应用状况

该工艺已有处理能力 36t/d 煤的中间装置，并附有油加工设备。

### 3.2.2.4　CSIRO 工艺

A　工艺简介

澳大利亚的 CSIRO 于 20 世纪 70 年代中期开始研究用快速热解煤的方法以获取液体燃料，先后建立了 1g/h、100g/h、20kg/h 三种不同规模的试验装置，对多种烟煤、次烟煤、褐煤进行了热解试验。其工艺流程如图 3-10 所示。

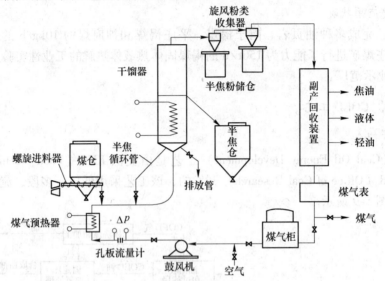

图 3-10　CSIRO 流化床热解工艺流程

该工艺采用氮气流化的沙子床为反应器，将细粉碎的煤粒（<0.2mm）用氮气喷入反应器的沙子床中，加热速度约为 104K/s，热解反应的主要过程约在 1s 内完成。另外该工艺对热解焦油也进行了结构分析，并用几种不同类型的反应器进行了焦油加氢处理的研究。

B　开发应用状况

该工艺是在实验室开发的具有最大液体产率的工艺方法，并已建成 23kg/h 处理煤、用空气或本工艺的循环气作为流化介质进行干馏的中试厂。

### 3.2.2.5　Toscoal 工艺

A　工艺简介

Toscoal 工艺是美国油页岩公司（Oil Shale Corporation）和 Rocky Flats 研究中心开发的。Toscoal 工艺进行低温干馏，可生产煤气、焦油和半焦，煤气热值较高（22MJ/m³，标态），符合中热值城市煤气要求，焦油加氢可转化为合成原油。图 3-11 为 Toscoal 干馏非黏结性煤的工艺流程。

粉碎好的干燥煤在预热提升管内，用来自瓷球加热器的热烟气加热。预热的煤加入干馏转炉中，在此煤和热瓷球混合，煤被加热至约 500℃进行低温干馏。瓷球热载体在加热器中被加热，低温干馏产生的粗煤气和半焦及瓷球在气固分离器和回转筛中分离，热半焦去冷却器，瓷球经提升器到加热器循环使用。原料煤粒度最好小于 12.7mm，瓷球粒度应略大于此值。煤在干燥和干馏过程中粒度有所降低，产品半焦粒度一般小于 6.3mm。焦

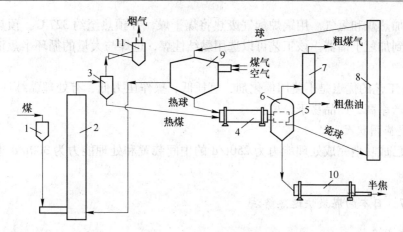

图 3-11　Toscoal 工艺流程

1—煤仓；2—煤提升管；3—旋风分离器；4—热解反应器；5—转鼓；6—分离器；7—气液分离器；
8—热载体提升管；9—热载体加热器；10—半焦冷却器；11—洗涤器

油蒸气和煤气在分离系统中冷凝分离，分成焦油产品和煤气，煤气净化后出售或作为瓷球
加热用燃料。

**B　开发应用状况**

此工艺已在 1976 年建成的日处理 25t 煤的中间装置上实验成功，1982 年兴建日处理
能力 6.6 万吨煤的工业装置。

### 3.2.2.6　Coalcon 加氢热解工艺

**A　工艺简介**

Coalcon 法是一项技术上最先进的加氢热解工艺，它采用一段流化床，非催化加氢的
方法，在中等温度（最高至 560℃）、中等压力（最高 6.859MPa）、煤的最长停留时间
9min 的条件下操作，如图 3-12 所示。用氢气使反应器内的煤和焦流态化，氢气与煤反应

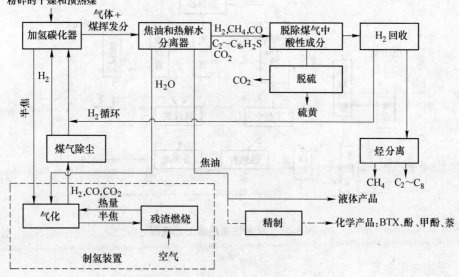

图 3-12　Coalcon 加氢热解工艺流程

放出的热量加热煤和氢气。用锅炉烟气废热将煤干燥，并预热至约 327℃，预热煤经锁斗用氢气输送到加氢干馏器。该工艺可以选用黏结性煤，进煤与大量的循环半焦混合可防止煤结块。

Coalcon 工艺的优点是不使用催化剂，氢耗低、操作压力低、有处理黏结性煤的能力，液体和气体产率高，产品易于分离。

B  开发应用状况

该工艺已成功地完成处理能力为 250t/d 的中间装置和处理能力为 300t/d 半工业装置的运转工作。

### 3.2.2.7  日本的煤炭快速热解法

A  工艺简介

该方法是将煤的气化和热解结合在一起的独具特色的热解技术。它可以从高挥发分原料煤中最大限度地获得气态（煤气）和液态（焦油和苯类）产品。其工艺流程如图 3-13 所示。原料煤经干燥，并被磨细到有 80% 小于 74μm 后，用氮气或热解产生的气体密相输送，经加料器喷入反应器的热解段，然后被来自下段半焦化产生的高温气体快速加热，在 600 ~ 950℃ 和 0.3MPa 下，于几秒内快速热解，产生气态和液态产物以及固体半焦。在热解段内，气态与固态产物同时向上流动。固体半焦经高温旋风分离器从气体中分离出来后，一部分返回反应器的气化段与氧气和水蒸气在 1500 ~ 1650℃ 和 0.3MPa 下发生气化反应，为上段的热解反应提供热源；其余半焦经换热器回收余热后，作为固体半焦产品。从高温旋风分离器出来的高温气体中含有气态和液态产物，经过一个间接式换热器回收余热，然后再经脱苯、脱硫、脱氨以及其他净化处理后，作为气态产品。间接式换热器采用油为换热介质，从煤气中回收的余热用来产生蒸汽。煤气冷却过程中产生的焦油和净化过程中产生的苯类作为主要液态产品。

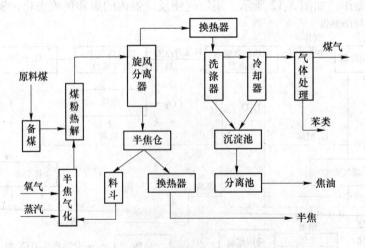

图 3-13  日本快速热解工艺流程

B  开发应用状况

此工艺先建了 7t/d 的工艺开发实验装置，后于 1996 年设计了原料煤处理能力为100t/d

的中试装置,1999~2000 年建成并投入试运转和实验运行。

## 3.3 循环流化床燃烧

循环流化床燃烧(CFBC)技术是指小颗粒的煤与空气在炉膛内处于沸腾状态下,即高速气流与所携带的稠密悬浮煤料颗粒充分接触进行的燃烧技术。循环流化床燃烧技术是一项近二十年发展起来的清洁煤燃烧技术,它具有燃料适应性广、燃烧效率高、$NO_x$ 和 $SO_2$ 排放少、低成本石灰石炉内脱硫、负荷调节性好等突出优点。

### 3.3.1 原理与特点

流态化就是指固体颗粒(又称床料)在自下而上的流体(气体或液体)作用下,在床内形成的具有流体性质的流动状态。

流化床包括鼓泡床和循环床两种燃烧方式,燃料在炉内既不像层燃炉那样固定不动,也不像煤粉炉那样随气流飘动燃烧,而是在一定范围内上下翻动,呈现流态化,循环运动燃烧。

循环流化床与鼓泡流化床燃烧的最大区别是:在循环流化床燃烧中,布置有高温或中温分离器,可将未燃尽的煤粒分离下来,并经回送装置送回床层继续燃烧。除了分离器难以分离下来的极细颗粒外,其余颗粒都要经历几次、几十次甚至几百次的循环燃烧,大大增加了颗粒在床内的总停留时间,保证充分燃尽。另一主要区别是:鼓泡床燃烧的流化速度通常只是 2.5~3.0m/s;而循环流化床燃烧的流化速度通常为 3~10m/s,甚至超过 10m/s。

循环流化床燃烧不仅具有鼓泡床燃烧的全部优点,而且几乎克服了鼓泡床燃烧的全部缺点,如飞灰不完全燃烧损失大、钙利用率低、埋管磨损大、不易大型化等。因此,循环流化床技术是流化床燃烧技术的发展方向,是新一代高效低污染清洁燃烧技术,在未来几年、几十年,循环流化床燃烧技术必将得到飞速发展。

#### 3.3.1.1 循环流化床燃烧技术的原理

循环流化床燃烧系统一般由给料系统、燃烧室、分离装置、循环物料回送装置等组成。燃料和脱硫剂从循环床燃烧室的下部给入。燃烧用的空气分为一次风和二次风,一次风从布风板下部送入,二次风从燃烧室中部送入。循环流化床运行风速一般为 5~8m/s,使炉内产生强烈的扰动。炉内温度控制在 850~900℃,有利于石灰石高效脱硫及抑制 $NO_x$ 生成。

煤和脱硫剂送入炉膛后,在由底部吹来具有一定风速的气流鼓动下,以流态化方式运动,高速气流与所携带的稠密悬浮煤颗粒充分接触,进行流化燃烧,同时进行脱硫反应,并在上升烟气流的作用下向炉膛上部运动,对水冷壁和炉内布置的其他受热面放热。粗大粒子进入悬浮区域后在重力及外力作用下偏离主气流,从而贴壁下流,再返回床内燃烧。气固混合物离开炉膛后进入高温旋风分离器,大量固体颗粒(煤粒、脱硫剂)被分离出来送回炉膛,进行循环燃烧。未被分离出来的细粒子随烟气进入尾部烟道,以加热过热器、省煤器和空气预热器,经除尘器排至大气。图 3-14 所示为循环流化床燃烧技术的原理。

### 3.3.1.2　循环流化床燃烧技术的特点

循环流化床燃烧技术作为一种新型、高效、低污染清洁燃煤技术，在环保和劣质燃料利用方面显示出极大优势，具有其他燃烧技术无法比拟的优点，能够较好地解决我国锅炉煤种供应多变、原煤直接燃烧比例高等问题，并且能切实地体现其重大的经济效益、社会效益和环保效益。国际上已有几百台不同容量的循环流化床锅炉投入运行，运行状况令人满意，获得了可观的收益。

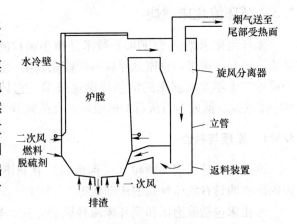

图 3-14　循环流化床燃烧技术的原理

循环流化床燃烧技术的主要技术优点有以下几条：

（1）循环流化床燃烧属低温及分级配风燃烧，氮氧化物排放远低于煤粉炉，采用低温和分级燃烧技术可使 $NO_x$ 浓度小于 $200\mu L/L$。

（2）可实现在燃烧过程中直接脱硫。循环流化床锅炉燃烧温度水平在 $850\sim900℃$ 范围内，可以直接向炉膛内加入石灰石进行炉内脱硫，脱硫效率高且技术设备经济简单，当钙硫比为 $1.5\sim2.0$ 时，脱硫率可达 90% 以上。脱硫生成的 $CaSO_4$ 混入灰渣中，可直接加以利用，没有二次污染。

（3）燃烧稳定，燃料适应性广，燃烧制备和给料系统简单。循环流化床由于存在炽热的密相区，燃烧稳定性好，并且可燃用各种燃料，特别是其他炉型不能燃用的劣质燃料，如煤矸石、油母页岩、无烟煤、焦炭末、石油焦和高硫煤等低热值或高硫劣质燃料以及难燃和低灰熔融性的燃料。

（4）燃烧强度高，燃烧效率高。循环流化床运行时气流速度较高，气固间发生强烈的热量和质量交换，大大强化了炉内的传热和传质过程。循环流化床内气固两相的热容量大，截面负荷可达 $6MW/m^2$。物料通过分离器多次循环返回炉内，延长了颗粒的停留和反应时间，保证了燃烧效率。

（5）排渣活性好，易于实现资源综合利用，无二次灰渣污染。

（6）负荷调节范围大，低负荷可降到 30% 左右。调节速度快，每分钟可达 5%~10%。

循环流化床燃烧的主要缺点是：炉膛高大，初期投资高，分离循环系统较复杂，系统阻力大，自耗电高等。

### 3.3.2　工艺及设备

快速流化技术始于 20 世纪 70 年代初德国 Lurgi 公司用于三氧化二铝的焙烧工艺过程。世界上第一台循环流化床锅炉，普遍认为是 1979 年芬兰的 Ahlstrom 公司开发的 20t/h 循环流化床锅炉。从此以后，循环流化床锅炉的研究与开发逐步得到了许多国家的重视，并且发展迅猛，不同容量和多种结构的循环流化床锅炉相继被研制出来并投入运作。

循环流化床燃烧在技术上已形成了热旋风筒、汽冷旋风筒、水冷方形旋风筒、外置式换热器、紧凑式外置换热器和内置换热器等几种流派。

现在大型循环流化床锅炉的主要炉型有三大流派，分别为：以德国 Lurgi 公司为代表的鲁奇型；以美国的 Foster Wheeler、芬兰的 Alstorm 公司（两者兼并）为代表的 FW Pyro-flow 型；德国 Babcock 公司的 Circofluid 型。我国东方锅炉厂采用的是 FW 公司的 Pyroflow 型的改进型循环流化床锅炉。北京 B&W 锅炉厂采用的是德国 Babcock 公司的架构和技术。哈尔滨锅炉厂有限责任公司（HBC）与美国 PPC（奥斯龙技术）以及国内的科研单位合作也开发了自己的大型循环流化床锅炉。上海锅炉厂引进美国 ALSTOM 技术、消化吸收自行设计制造了自己的循环流化床锅炉。由于国内各大锅炉厂商的参与，我国的大型循环流化床技术已趋于成熟。

### 3.3.2.1　德国 Lurgi 型循环流化床技术

Lurgi 型循环流化床锅炉的主要特征是设置有外置流化床热交换器（EHE），将部分冷却受热面置于外部换热器中，另外在回料控制器上设有锥形回料控制阀。高温旋风分离器分离下来的高温灰一部分通过回料控制器直接进入燃烧室，另一部分通过锥形阀送入外置换热器，经外置换热器换热后再进入燃烧室，把燃烧和传热过程分开调节。根据燃料的差异，空塔速度多在 4~6m/s 之间，入炉燃料最大粒度多在 6~10mm 之间，相应的循环倍率在 30~40 以上。

外置换热器的成功设置，解决了锅炉炉内受热面布置空间不足和受热面磨损倾向严重等问题。运行时，通过调节燃料量和经过 EHE 的热灰流量，可以控制蒸汽温度和燃烧温度。这种调节作用在低负荷和变质负荷时尤为显著。采用分段送风燃烧，一次风经布风板送入燃烧室，二次风在风板上方一定高度送入，通过调节一、二次风比和灰流量，可保持燃烧温度的稳定，从而保证运行稳定，维持理想燃烧效率和有效控制 $NO_x$、CO、$SO_2$ 等污染物排放。图 3-15 是典型的 Lurgi 型循环流化床锅炉的系统图。

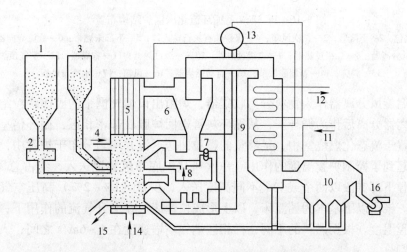

图 3-15　Lurgi 型循环流化床锅炉布置示意

1—煤仓；2—破碎机；3—石灰石仓；4—二次风；5—炉膛；6—物料分离器；7—热灰控制器；
8—外置换热器；9—尾部烟道；10—除尘器；11—省煤器入口；12—过热蒸汽出口；
13—汽包；14—一次风；15—排渣管；16—引风机

目前最大容量的 Lurgi 型循环流化床锅炉为 Stein 公司制造，安装在德国 Gardarne 电厂的 250MW（700t/h）锅炉。该锅炉 1995 年 5 月开始试运行，$SO_2$ 排放运行值为 $103mg/m^3$，$NO_x$ 排放运行值为 $230mg/m^3$，CO 排放量运行值为 $8.44mg/m^3$。

### 3.3.2.2　芬兰 Ahlstrom 公司 Pyroflow 型循环流化床锅炉

Pyroflow 型循环流化床锅炉的结构系统（见图 3-16）相对比较简单，耐用，占地少。

锅炉主要由炉膛、高温旋风分离器、回料阀、尾部对流烟道等组成。炉膛下部由下水冷壁延伸部分、钢板外壳及耐火处理涂砌的衬里组成；炉膛上部四周为膜式水冷壁，炉膛中部一般布置的是 Ω 形过热器或在炉膛上部布置翼墙过热器。

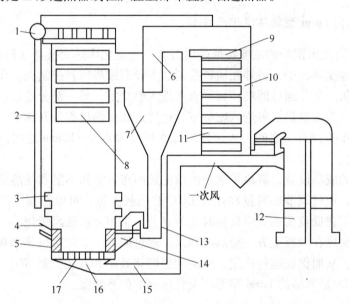

图 3-16　Pyroflow 型循环流化床锅炉结构布置

1—汽包；2—下降管；3—二次风箱；4—煤粒和石灰石输入口；5—下部未燃带；6—旋流导向器；
7—旋风分离器；8—二级过热器；9—三级过热器；10—一级过热器；11—省煤器；12—空气预热器；
13—料腿；14—料腿膨胀节；15—启动燃烧器；16—风箱；17—水冷布风板

采用高温旋风分离器作为物料分离收集器，炉膛出口烟气携带的固体颗粒绝大部分被高温旋风分离器分离后作为循环灰，从循环灰管送回炉膛底部密相区，循环倍率高。冷却受热面完全置于流态化燃烧室中，足够量的颗粒回送返混并均匀分布于炉膛中，保证了炉内传热，也起到了控制炉膛温度的作用。一次风从炉底布风装置送入，约占总风的 60%，二次风在炉膛下部锥段以两个或三个不同高度送入，少量（1%~2%）高压空气经回料机构送入炉膛。锥段以下基本为湍流床，以上形成快速床。在上升气流的作用下，床内颗粒充满整个炉膛温度。根据燃料的不同，稀相区烟气空塔速度在 4~6m/s 之间，入炉燃料粒度在 7mm 以下。

第一台商业化 Pyroflow 型循环流化床锅炉热功率为 15MW，1979 年在奥斯龙总公司一家轧钢厂投运。我国在四川内江引进安装了一台 100MW（410t/h）Pyroflow 型循环流化床锅炉，锅炉测试热效率为 90.79%，性能试验 $SO_2$ 排放值为 $684mg/m^3$（钙硫比为 2.219），$NO_x$

排放值为 78mg/m³，CO 排放量值为 211mg/m³。

目前，全世界已有数十台发电功率在 100~250MW 的 Pyroflow 型循环流化床锅炉在运行，其中一些已有十多年的成功运行经验。最大容量的 Pyroflow 型循环流化床锅炉安装在波兰 Turow 电厂，发电功率为 235MW（665t/h），该锅炉于 1998 年投运。

### 3.3.2.3　德国 Circofluid 型循环流化床锅炉

Circofluid 型循环流化床锅炉采用半塔式布置，二次风口以上布置蒸发受热器、屏式过热器、对流过热器、省煤器等，炉膛出口烟温降至 400℃ 左右。采用中温（400℃ 左右）旋风分离器，结构简单紧凑，没有床料在分离器内发生燃烧的危险，且加速启动时间。不用 EHE，旋风分离器分出物料部分（或分部）返回主床，部分排入灰坑，由煤质及负荷决定。采用较低的运行风速（2~5m/s）循环倍率不太高。由于流化风速及循环倍率的降低，使得炉墙和受热面的磨损程度大为减轻，可以在炉膛内布置全部过热器，不仅使钢耗降低、结构更加紧凑，而且锅炉整体能耗也会降低。图 3-17 所示为典型的 Circofluid 型循环流化床锅炉系统。

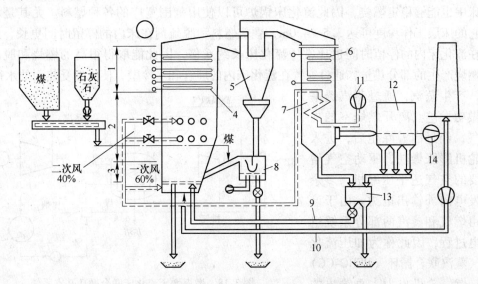

图 3-17　德国拔柏葛公司 Circofluid 型循环流化床锅炉系统

1—对流受热面；2—悬浮段；3—鼓泡床段；4—屏式过热器；5—旋风分离器；6—省煤器；

7—空气预热器；8—返料装置；9—除尘器灰再循环；10—烟气再循环；

11—送风机；12—除尘器；13—引风机；14—除尘器来灰再循环系统

## 3.3.3　增压循环流化床燃烧联合循环发电

流化床燃烧可以在常压下工作，也可以在增压下工作，后者称为增压流化床燃烧（PFBC）。增压流化床燃烧技术在原理上类似于常压流化床燃烧（AFBC）。采用增压（6~20atm，1atm=101.325kPa）燃烧后，燃烧效率和脱硫效率得到进一步提高。燃烧室热负荷增大，改善了传热效率，锅炉容积紧凑。除了可在流化床锅炉中产生蒸汽使汽轮机做功外，从 PFBC 燃烧室（也就是 PFBC 锅炉）出来的增压烟气，经过高温除尘后，可进入燃气轮机膨胀做功。通过燃气/蒸汽联合循环发电，发电效率得到提高，目前可比相同蒸汽参数的单蒸汽循环发电提高 3%~4%。因此，采用增压流化床燃烧联合循环（PFBC-CC）发电能较大幅度地提高发电效率，并能减少燃煤对环境的污染。

根据流化床的工作流速不同，又可分为增压鼓泡流化床（PBFB）和增压循环流化（PCFB）两种类型。

在 PBFB 中，经过破碎的煤（尺寸最大为 6mm）以及脱硫剂（石灰石或白云石，尺寸最大为 3mm）加入流化床内，加压空气通过布风板进入燃烧室，从而使床层内的不同粒度的颗粒状床料处于悬浮状态，上下进行激烈的翻滚，空气和加入的煤进行激烈的燃烧反应，床层反应温度控制在 850~900℃ 范围内。燃烧产生的烟气中含的 $SO_2$ 和加入流化床内的石灰石反应生成 $CaSO_4$，该反应过程能除去烟气中 90%~95% 的 $SO_2$。在流化床中，由于煤的浓度很低（床料中煤料仅占 1%~2%，主要由颗粒状的煤灰渣、脱硫剂等非可燃物组成），每一个颗粒燃料都能被赤热的惰性物料所包围，并且和助燃剂（空气）接触条件良好。因此燃烧过程并不显著受煤质的影响。在常规锅炉中不易稳定燃烧的劣质煤，在流化床中也能够稳定燃烧，因此流化床锅炉可以使用范围宽广的各种燃料。尤其是增压床，它的床层工作深度可达 3.5~4.0m，颗粒燃料和脱硫剂在床内的停留时间更长，反应气体在流化床内的停留时间也比常压流化床长约 6 倍，因此能取得很高的燃烧和脱硫效率。燃烧产生的部分热量，通过安置在流化床内的埋管和水冷壁，使流经受热面的水得到加热，产生蒸汽，通过蒸汽透平膨胀做功发电。离开燃烧室的加压燃气，经过高温除尘后，进入燃气轮机膨胀做功，驱动空气增加需要的空气透平压缩机，多余的功发电向外输出电力。由于该系统由燃气和蒸汽两部分系统组成发电过程，因此称为加压流化床燃气蒸汽联合循环（PFBC-CC）发电。燃气轮机出力占总输出的 20%~25%，其余为蒸汽轮机出力。其基本系统如图 3-18 所示。

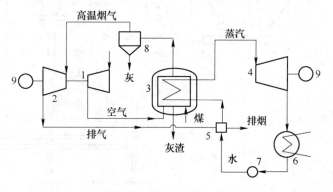

图 3-18　燃煤增压流化床联合循环基本系统

1—压气机；2—燃气轮机；3—增压锅炉；4—汽轮机；5—给水加热器；
6—凝汽器；7—给水泵；8—烟气净化设备；9—发电机

**【实例 3-1】** 徐州贾汪电厂 15MW 的 PFBC-CC 工程试验电站。

贾汪 15MW PFBC-CC 工程试验电站是我国第一座增压流化床联合循环发电技术工程试验电站，全部采用国内自主开发的自主设备。以电厂现有的 12MW 凝汽式机组为基础，新建一台 60t/h 增压流化床锅炉（PFB），燃气轮机发电功率为 3MW，组成 15MW 燃气-蒸汽联合循环中试电厂规模。

1998 年 7 月底该工程试验电站全部建成，1999 年 10 月起开始单蒸汽循环发电全系统试运行，分别进行 PFB60%、80%、100% 负荷调试，获得较大成功。PFB 锅炉满负荷额定参数蒸汽量达到 57~60t/h，蒸汽轮机发电量达 11.4~12.0MW，PFB 锅炉的主要参数达到预定设计值。2000 年底，在江苏贾汪发电厂完成 700h 连续运转，电站燃烧效率达

98%，脱硫率为92%，灰渣可综合利用。

## 3.4 整体煤气化联合循环发电

整体煤气化联合循环发电（IGCC）系统，是将煤气化技术和燃气-蒸汽联合循环发电系统有机集成的一种洁净煤发电技术。它由两大部分组成：第一部分为煤的气化与净化部分，主要设备有气化炉、空分装置、煤气净化设备（包括硫的回收装置）；第二部分为燃气-蒸汽联合循环发电部分，主要设备有燃气轮机发电系统、余热锅炉、蒸汽轮机发电系统。

IGCC 的工艺过程如下：煤经气化成为中低热值合成煤气，经过净化处理，除去煤气中的硫化物、氮化物、粉尘等污染物，变为清洁的气体燃料，然后送入燃气轮机的燃烧室燃烧，燃烧后先驱动燃气轮机发电，再利用燃气轮机排气进入余热锅炉加热给水，产生过热蒸汽驱动蒸汽轮机发电。其原理如图3-19所示。

IGCC 技术把高效的燃气-蒸汽联合循环发电系统与洁净的煤气化技术相结合，既有高发电效率，又有极好的环保性能，是一种有发展前景的洁净煤发电技术。在目前技术水平下，IGCC 发电的净效率可达43%~45%，今后可望达到更高。而其污染物的排放量仅为常规燃煤电站的 1/10，

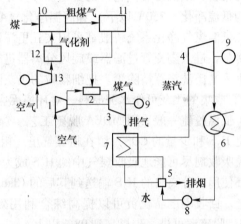

图 3-19 IGCC 的原理

1—压气机；2—燃烧室；3—燃气透平；4—汽轮机；
5—给水加热器；6—凝汽器；7—余热锅炉；8—给水泵；
9—发电机；10—煤气发生炉；11—煤气净化装置；
12—空气分离装置；13—空气压缩机

脱硫效率可达99%，二氧化硫排放在 $25mg/m^3$ 左右（目前我国二氧化硫的排放标准为 $1200mg/m^3$），氮氧化物排放只有常规电站的15%~20%，耗水只有常规电站的 1/3~1/2，有利于环境保护。因此，IGCC 作为一种非常有效而洁净的煤发电技术，已经受到世界各国的高度重视。

### 3.4.1 整体煤气化联合循环发电的技术特点和工艺组成

IGCC 的工艺技术组成包括煤的气化工艺、煤气的净化工艺、燃气轮机技术、余热锅炉和蒸汽轮机、空分工艺及系统和 IGCC 热力系统几个部分。

#### 3.4.1.1 煤气化工艺

气化炉是煤与气化剂在其中发生化学反应以生成煤气的设备，它是 IGCC 的主要设备之一。根据气化介质不同，气化工艺可以分为两大类：氧气气化和空气气化。根据气化过程中气流的流动形式，气化工艺可以分为三大类：固定床气化、流化床气化和气流床气化。

在目前的大容量 IGCC 机组中普遍采用气流床气化炉。气流床气化炉可分为水煤浆进料气化炉和干粉进料气化炉。Texaco 和 Destec 炉是水煤浆进料，氧气气化；Prenflo、Shell

和 GSP 炉是干粉进料，氧气气化；ABB-CE 炉（和日本正在开发的气化炉）是干粉进料，空气气化。

煤在气化炉中燃烧，产生的高温用来切断煤中的高分子化学键，使其与气化剂反应，生成含有 CO、$H_2$、$CH_4$ 等可燃气体的合成煤气。

### 3.4.1.2　煤气净化工艺

煤气净化的目的是除去粗煤气中的粉尘、$H_2S$、COS（羰基硫）、$NH_3$、HCl 及碱金属等污染物，以满足燃气轮机的要求和环保排放的要求。按净化过程煤气化温度，煤气净化分为低温净化（250℃以下）和高温净化（400~600℃）。

低温煤气净化系统一般都采用文丘里湿法洗涤器除尘。粗煤气离开气化炉后，经过初步冷却，进入陶瓷管过滤器或旋风分离器进行初级除尘。粗颗粒循环回气化炉，粗煤气接着进入文氏洗涤器精除尘。把细颗粒的飞灰除净，使煤气的含尘浓度降至 $1~2mg/m^3$（标态），收集的飞灰可作水泥原料，对环境无害。

低温脱硫一般采用 MDEA 脱硫工艺。煤中的硫分在气化炉中部分转化成硫化物（主要是 $H_2S$ 和少量的 COS）留在粗煤气里。粗煤气逐步冷却至 40℃ 左右进入常温脱硫装置，脱硫吸收剂尽可能地吸收煤气中的 $H_2S$ 成为富液。富液经解吸释放 $H_2S$，再生出的吸收剂循环使用，分离出的 $H_2S$ 输送到其后的 Claus 硫回收装置中生成元素硫，硫黄纯度在 99%以上。回收副产品硫黄可以提高综合利用效益。如果采用 COS 水解装置把 COS 转化成 $H_2S$，脱硫率可进一步提高到 98%以上。

### 3.4.1.3　燃气轮机技术

燃气轮机是 IGCC 的关键设备之一。在 IGCC 中燃气轮机的燃料是合成煤气，它进入燃气轮机燃烧室内燃烧，推动燃气轮机膨胀做功。为了进一步提高燃气轮机的性能，有关人员正在以下几方面进行开发研究：

（1）开发新型合金材料和叶片涂层工艺，并改进透平冷却技术，提高冷却效果，以提高透平初温。

（2）利用可控扩压原理和三元流理论优化设计高压比压气机及大焓降透平。

（3）开发干式低 $NO_x$ 燃烧器和燃烧室。

### 3.4.1.4　余热锅炉和蒸汽轮机

余热锅炉是回收燃气轮机的排气余热，以产生驱动汽轮机发电所需蒸汽的换热设备。燃气轮机出口的烟气温度为 560~600℃，为充分利用烟气余热和使汽轮机与燃气侧匹配，余热锅炉内布置有蒸发器、过热器、再热器。

按压力等级余热锅炉可以分为单压、双压、三压和双压再热、三压再热式共五种。随着压力等级的增加，烟气携带的能量利用得越来越充分，但同时却伴随着受热面积增加和系统复杂、投资费用上升的缺点。

在 IGCC 中使用的蒸汽轮机的特点有：

（1）回热系统很简单，甚至没有回热抽汽。

（2）由于低压力等级蒸汽的回注，排向凝汽器的蒸汽流量一般比汽轮机的主蒸汽流量大。

（3）蒸汽轮机采用滑压运行方式，而不采用调节级。

（4）为了满足快速启动的要求，在蒸汽轮机的结构上采取了相应的措施。

（5）蒸汽轮机的容量和参数由余热锅炉的热力计算和 IGCC 系统的总体匹配来决定，不是标准件设备。

### 3.4.1.5　空分工艺及系统

在气流床气化工艺的 IGCC 中一般都设置专门的空分设备。空分设备采用传统的低温分离技术，基本原理是利用人工制冷方法将空气冷却成液态，然后通过精馏工艺从液态空气分离出氧气和氮气。空分设备主要由空气净化、空气液化循环和精馏三个环节组成。

空气净化的目的是除去空气中的少量水蒸气、$CO_2$、$C_2H_2$、灰尘等杂质。空气液化循环由一系列必要的热力过程组成，其作用在于使空气冷却到所需的低温，并补偿系统的冷损，以获得低温液化空气。根据氮气和氧气的蒸发温度不同，用精馏的方法可以从液化空气分离出氮气和氧气。IGCC 空分设备的主要产品是高纯度的氧气，以向煤气化炉提供气化剂；同时还生产少量的纯氮气，供煤粉输送、充气和吹扫之用。

### 3.4.1.6　IGCC 的热力系统

IGCC 系统十分复杂，各子系统之间存在着热量和工质交换。因此，"整体化"是IGCC 系统的显著特点，表示 IGCC 中有关部件联系的紧密性，主要表现在气侧整体化和汽水侧整体化。气侧整体化包括：空分系统的整体化；氮气用于煤粉的输送及燃气轮机入口煤气的稀释，或直接送入燃烧室做冷却剂。汽水侧整体化则意味着气化炉和煤气冷却器，以及煤气净化装置的汽水系统与联合循环的汽水系统有机地结合在一起。

IGCC 是多工艺技术的高度集成，涉及热工技术、煤化工技术和制冷技术。把这些技术集成在一起构成 IGCC 系统时，在系统设计和设备容量、参数匹配上具有很大的灵活性，因此进行系统优化的潜力很大。

IGCC 系统的复杂性和高度集成性，使得 IGCC 的运行和控制问题变得十分重要，因此研究 IGCC 的启动运行方式和动态特性，制定合理的控制策略，对 IGCC 机组的安全、经济运行很重要。

## 3.4.2　整体煤气化联合循环发电工艺要求与流程

IGCC 对煤气化工艺的要求如下：

（1）气化工艺的冷、热煤气效率高，碳转化率高。

（2）气化炉的技术较成熟，运行经验较丰富，运行安全可靠，单炉生产能力大，能适应大容量发电机组的需要。

（3）煤种适应性强。

（4）粗煤气便于净化处理，粗煤气中含焦油、酚及粉尘少。

（5）能与发电设备运行工况匹配跟踪，启动和停炉操作简便、快捷，负荷变化范围较广。

目前运行的 IGCC 气化装置与技术特征比较见表 3-1。

表 3-1　IGCC 气化装置与技术特征比较

| 煤气化技术 | BGL/Lurgi | HTW | U-Gas | Texaco | Shell | Prenflo |
|---|---|---|---|---|---|---|
| 床层类型 | 移动床 | 流化床 | 流化床 | 气流床 | 气流床 | 气流床 |
| 加煤方式 | 上加块煤 | 下加粉煤 | 下加粉煤 | 上加水煤浆 | 下加煤粉 | 下加煤粉 |
| 排灰方式 | 液态渣 | 干灰渣 | 灰团聚 | 液态渣 | 液态渣 | 液态渣 |
| 气化剂 | 氧气 | 氧气或空气 | 氧气或空气 | 氧气 | 氧气或空气 | 氧气或空气 |
| 发展现状 | 美国<br>484MW | 德国<br>300MW | 美国<br>275MW | 美国<br>260MW | 荷兰<br>253MW | 西班牙<br>300MW |

图 3-20 所示为移动床气化的 IGCC 的工艺流程，图 3-21 所示为流化床气化的 IGCC 的工艺流程，图 3-22 所示为气流床气化的 IGCC 的工艺流程。

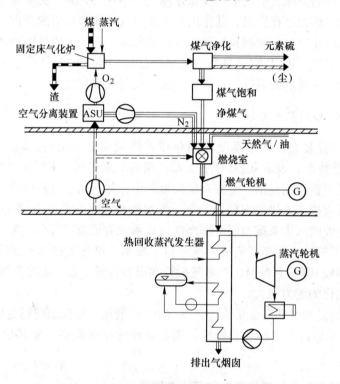

图 3-20　移动床气化的 IGCC 的工艺流程

### 3.4.3　煤气化多联产技术

#### 3.4.3.1　以煤部分气化为基础的多联产技术

由于煤的组成、结构以及固体形态等特点，煤在气化过程中的反应速率随转化程度的增加而减慢，若要在单一气化过程中获得完全或很高的转化率，需要采用高温、高压和长停留时间，技术难度和生产成本均增加。但由于炭的燃烧反应速率远高于其气化反应速率，若采用燃烧的方法处理煤中的低活性组分，则可以简化气化要求，从而降低生产成本。

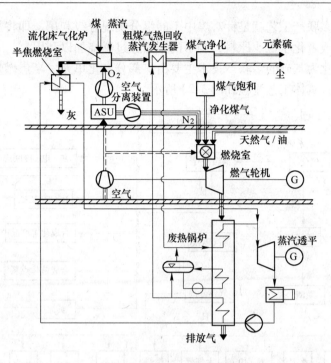

图 3-21 流化床气化的 IGCC 的工艺流程

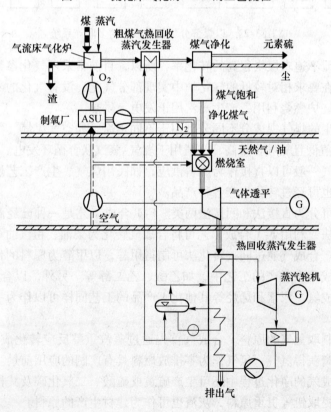

图 3-22 气流床气化的 IGCC 的工艺流程

煤部分气化多联产工艺就是针对煤中不同组分实现分级利用，即将煤部分气化后所得的煤气用作燃料或者化学工业原料，剩下的半焦通过燃烧加以利用。

以煤部分气化为基础的多联产技术主要由煤部分气化单元、半焦燃烧单元及煤气转化及利用单元组成，具体工艺流程如图 3-23 所示。

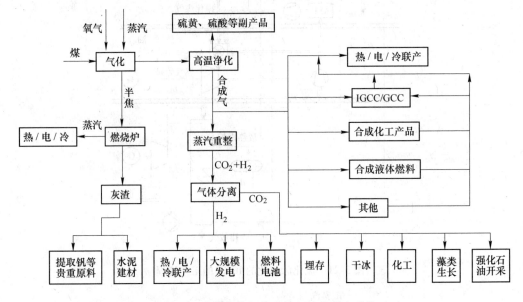

图 3-23　以煤部分气化为核心的多联产系统

部分气化单元不追求煤炭很高的转化率，所以，目前常采用气化参数较低的流化床气化技术。煤可以在要求相对较低的气化炉中实现部分气化，没有气化的半焦则被直接送入循环流化床的燃烧炉燃烧利用，产生蒸汽用于发电、供热。

部分气化产生的煤气视成分不同分别用于不同用途。如空气煤气（气化剂为空气生产的煤气）由于热值低且氮气含量高，一般用于燃气-蒸汽联合循环发电。而氧气（气化剂）气化产生的合成气一般可以直接作为燃料供应，如民用煤气、生产工艺燃料用气及燃气联合循环发电等，也可经过转化生产各种产品。

合成气转化可分为直接法和间接法两类。F-T 合成工艺是一种已经商业化的成熟的合成气直接转化方法，利用 F-T 合成工艺可将合成气转化为柴油、粗汽油和石蜡等多种优质燃料和化工产品。合成气通过间接转化法可制得甲醇，以甲醇为原料的化工产品的生产工艺均可有机地集成到多联产的工艺中，如乙酸、乙二醇等。另外，以合成气制取二甲醚、乙醇、甲酸、合成氨、尿素和烯烃等其他化工产品的工艺同样可以作为一个子系统集成到多联产系统中。

合成气也是制取氢气的原料。合成气首先通过蒸汽重整反应转化成氢气和二氧化碳，然后通过气体分离获得氢气。氢气作为零排放燃料具有广阔的应用前景。

另外，在合成气的净化过程中还可生产硫黄或硫酸、二氧化碳及其相关产品。

从灰渣可以提取钒等贵重原料，灰渣也可作为建材生产的原料。

以煤部分气化为基础的多联产技术除了具备传统煤气化技术的优点外，还具有以下优点：

（1）不追求气化过程的高转化率，实现煤炭的分级转化利用，对煤气化技术与设备要求较低，从而降低了系统的投资和运行成本。

（2）部分气化技术可以采用较低的气化温度，所以可以与目前相对成熟的煤气低温净化技术直接集成。

（3）煤炭中的硫、氮在气化炉被转化成相对容易脱除的 $H_2S$、$NH_3$ 等，可在气化炉内或煤气净化过程中脱除，半焦中残余的硫、氮、磷、氯和碱金属等污染物相对于原煤大大降低，燃烧起来相对清洁，系统污染物控制成本降低。

### 3.4.3.2 以煤完全气化为基础的多联产技术

以煤完全气化为核心的多联产系统是首先将煤全部气化转化为合成气，合成气可以用于燃料、化工原料、联合循环发电及供热制冷，从而实现以煤为主要原料，联产多种高品质产品，如电力、清洁燃料、化工产品等。以煤完全气化为核心的多联产系统如图 3-24 所示，其主要特点如下：

（1）多种技术有机组合，随着合成气利用技术的发展与成熟，可对系统进行进一步的优化组合。

（2）在系统中，颗粒物、$SO_2$、$NO_x$ 和固体废物等污染物可以有效地得到控制。另外，由于采用纯氧气化技术，通过有机集成相应的技术，系统可实现产生的废气是高浓度的 $CO_2$，直接进行利用或处理，如储存在海洋、地层或陆地生态系统中，或采用先进的生物和化学工艺处理等办法，实现污染物的近零排放。

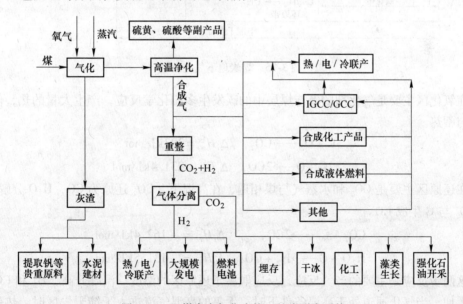

图 3-24　以煤完全气化为核心的多联产系统

## 3.4.4　煤炭地下气化技术

煤炭地下气化（UCG）就是将处于地下的煤炭进行有控制的燃烧，通过对煤的热作用及化学作用而产生可燃气体的过程。该过程集建井、采煤、气化三大工艺为一体，抛弃了庞大的、笨重的采煤设备与地面气化设备，只提取煤中的含能组分，变物理采煤为化学采煤，具有安全性好、利用率高、投资少、效率高、污染少等优点。

### 3.4.4.1　煤炭地下气化基本原理

煤炭地下气化过程主要是在地下气化炉的气化通道中实现的。整个气化过程按化学反应的相对强弱程度，可大致分为氧化、还原、干馏干燥 3 个反应区，如图 3-25 所示。从化学反应的角度来讲，三个区域并没有严格的界限，气化通道的任何位置，都有可能进行热解、还原和氧化反应。

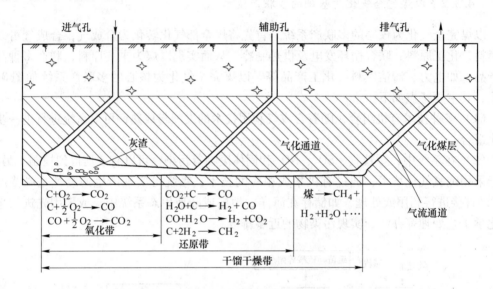

图 3-25　煤炭地下气化原理

在氧化区主要是气化剂的氧与煤层中的碳发生多相化学反应，产生大量的热，使煤层炽热与蓄热。

$$C + O_2 \longrightarrow CO_2, \quad \Delta_r H_m^{\ominus} = 393 \text{kJ/mol}$$

$$2C + O_2 \longrightarrow 2CO, \quad \Delta_r H_m^{\ominus} = 231.4 \text{kJ/mol}$$

在还原区主要是 $CO_2$ 和水蒸气与煤相遇，在高温下，$CO_2$ 还原为 CO，$H_2O$ 分解 $H_2$ 和 $O_2$，$O_2$ 与 C 生成 CO。

$$CO_2 + C \longrightarrow 2CO, \quad \Delta_r H_m^{\ominus} = -162.4 \text{kJ/mol}$$

$$H_2O + C \longrightarrow H_2 + CO, \quad \Delta_r H_m^{\ominus} = -131.5 \text{kJ/mol}$$

这两步反应是主要的产气反应，反应取决于还原区的温度。温度升高，$H_2$ 和 CO 产率迅速增加。当气化通道处于高温条件下时，无氧的高温气流进入干馏干燥区时，热作用使煤中的挥发物析出形成焦炉煤气。经过气化通道中三个反应区后，就形成了含有可燃气体组分（主要是 CO、$H_2$、$CH_4$）的煤气。

提高产气率和稳定产气的有效方法，一是提高还原区的温度，扩大还原区域，使 $CO_2$ 还原和水蒸气的分解更趋于完全；二是增加干馏区的长度，生产更多的干馏煤气。为了达到上述目的，煤炭地下气化采用长通道、大断面、双火源、两阶段地下气化工艺。

### 3.4.4.2 煤炭地下气化方法及工艺

由气化原理可知，煤炭地下气化需先建造地下煤气发生炉，即生产车间。地下气化炉的建造共有有井式、无井式和混合式三种气化方法。

（1）有井式气化技术。有井式煤炭地下气化是指从地表开凿通向煤层的矿山通道，并把它们的末端用燃烧巷道连接起来进行气化。此法只应用于关闭矿井中遗弃资源的回收。由于须进行井下施工，作业环境和安全性差，这对其应用带来不利。除新奥集团内蒙古地下气化试验外，我国已完成的 UCG 项目以及正在进行前期工作的绝大部分 UCG 项目都是有井式的。

（2）无井式气化技术。无井式气化技术很好地发挥了石油企业的钻井技术优势，免去了巷道式建地下气化炉的条件限制。相比于有井式气化炉，无井式气化建炉具有工艺简单、建设周期短的特点，适用于整装煤田的大规模地下气化，也可用于深部及水下煤层气化。

无井式煤炭地下气化法从地面向煤层打直径150～400mm、间距10～40m 的一系列钻孔，两钻孔之间贯通形成气化通道，点火气化。双孔式气化技术中两孔间的贯通方法常用的有低压火力渗透贯通法、高压火力渗透贯通法、电力贯通法、水力压裂贯通法以及定向钻孔贯通法（见图3-26）5 种。

（3）混合式。由地面打钻孔揭露煤层或利用井筒铺设管道揭露煤层，以人工掘进的煤巷作为气化通道，利用气流通道（人工掘进的煤巷）连接气化通道和钻孔或管道，所构成的气化炉为混合式气化炉，如图3-27 所示。该气化炉主要适用于矿井"报废"煤炭资源地下气化。

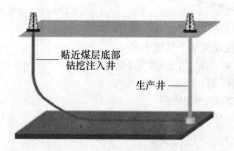

图 3-26 无井式定向钻孔贯通地下气化炉

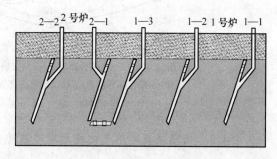

图 3-27 混合式地下气化炉

混合式气化炉充分利用了无井式气化炉和有井式气化炉的优点，建炉投资低、技术简单，可充分利用老矿井的物质条件，如井筒、巷道、提升系统等。一般煤矿都可以利用自身的物质和技术条件，建设地下气化炉。

综上所述，组成地下气化炉的三个要素是钻孔、气化通道和气流通道。地下气化的经济和社会意义很大，主要有以下几点：

（1）简化生产工艺流程；

（2）提高煤的回收率；

（3）产品煤气便于输送和使用；

（4）便于综合利用；

（5）改善煤炭工业技术经济；

（6）消除了对环境的公害。

我国煤炭地下气化试验研究发展主要在 20 世纪 80 年代以后，目前已由实验室试验研究、现场试验研究逐步转向工业示范生产应用，开发了具有自主知识产权的煤炭地下气化技术。目前工业示范情况比较好的是新矿集团（有井式技术）和新奥集团（无井式技术），他们都与中国矿业大学进行合作。截止到 2011 年年底，新奥集团乌兰察布气化站已连续运行四年，第三个试验炉稳定运行 900 天，热值和组分稳定，发电机连续运行 780 天，空气连续气化生产气量 300km³/d，富氧连续气化生产气量 150km³/d，达到了工业化生产要求。

近年，由中国矿业大学余力教授主持，采用长通道、大断面、两阶段煤炭地下气化工艺，在不同条件下建成 6 座气化站，工艺流程如图 3-28 所示，生产状况良好，其中唐山市刘庄煤矿气化站已实现连续稳定生产。

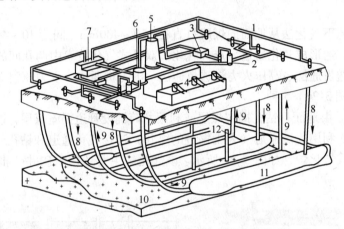

图 3-28    长通道、大断面、两阶段煤炭地下气化工艺

1—压缩空气；2—气液分离器；3—热交换器；4—发电厂；5—煤气净化设备；
6—水净化循环装置；7—压缩与燃烧气体混合器；8—空气；9—煤气；
10—煤层；11—气化带；12—监测与控制钻孔

### 3.4.4.3    国际煤炭地下气化技术发展趋势

（1）UCG 与联合循环发电产业的结合（UCG-IGCC）。据统计，全球已建成或正在、将建的 UCG-IGCC 电站有：南非 1 个，澳大利亚 5 个，英国 2 个，美国 3 个，智利、印度、新西兰、巴基斯坦、意大利各 1 个。

以南非 UCG-IGCC 为例，南非电力能源 88% 是由煤提供的。南非 2007 年 2 月 20 日在南非姆普马兰加的马久巴煤田，建立地下气化站，产量在 3000m³/h（标态），当年即成功发电，由 7km 管道通向马久巴发电试点厂。2010 年在 UCG 与循环气透平蒸气透平联合的基础上对 2100MW 电站开始进行工程与环境影响的评估。

（2）UCG 与碳捕获、利用与封存产业的结合（UCG-CCS）。英国在 2004 年 10 月总结并出版了《英国地下煤气化可行性的评论》报告，该报告的结论是 UCG-CCS 对减少 $CO_2$ 的排放对英国能源要求具有潜在的贡献。

UCG 是提高采油率的 $CO_2$ 的重要来源，在美国粉河盆地用 $CO_2$ 来提高采油率，粉河盆地 168 个储油构造需要 $CO_2$ 2.36 亿 ~ 3.54 亿 t。

（3）UCG 与制氢产业的结合（UCG-HGC）。英国、澳大利亚、美国、加拿大等国都十分重视地下煤气化制氢的意义，地下煤气化制氢已成为一个很重要的方向。欧洲地下气化氢项目（HUGE）由欧洲煤炭和钢铁研究及基金融资 3500 万欧元，从 2007 年 9 月开始，历时 3 年，2010 年 4 月在波兰南部的 Barbara 矿用 UCG 提取氢已获得成功。

（4）UCG 与燃料电池发电产业的结合（UCG-AFC）。最近人们已经把地下气化（UCG）使氢富集，然后用氢做燃料电池（AFC）这样一个 UCG-AFC 结合的过程当做一个新方向。

在英国桑顿（Thornton）新能源公司和瓦斯特图特里似特（Waste2tricity）公司宣布成立合资公司，把地下煤气化与新的燃料电池发电结合，以最有效的技术转换煤为电。

专家认为这种模式胜过从煤中产生净能量的常规的煤电站。这在未来是一个利用煤发电的突破，并对减少从煤中产生的温室气体有重大意义。它可以廉价限制 $CO_2$ 的排放，甚至减少常规煤开采的需要。

发展煤炭地下气化是一项有效的能源政策和很有前景的技术途径，它在进一步提高天然气在我国一次能源消费结构中的比重，大幅减少 $CO_2$ 等温室气体和细颗粒物（PM2.5）等污染物排放，实现节能减排、改善环境中起到关键作用，这既是我国实现优化调整能源结构的现实选择，也是强化节能减排的迫切需要。

【实例3-2】 新汶矿务局孙村矿地下气化工程。

（1）概况。孙村煤矿煤炭地下气化工程的设计于 2000 年 3 月完成，已向燃气锅炉和一万多户居民供气至今。该气化区地面位于孙村矿矸石山以东（部分在矸石山下）、小汶河南岸，部分位于小汶河下，长约 1000m，宽 130 ~ 200m，面积 0.166km²，属四层煤边角煤，地质储量约 45 万吨。该区至煤气厂约 750m。根据地下气化炉总的产气量及每个炉的单炉产气量，确定此气化区共布置 2 个气化炉，每个气化炉的产气量设计为 60km³/d，气化炉的布置形式为 U 形结构。

（2）效益。

1）取代地面气化站。矿区内的地面气化站都是以煤炭为燃料，煤气成本 1.05 元/m³。利用地下煤气加以替代后，煤气成本仅 0.19 元/m³，现实际利润近 400 万元/a。

2）使"高硫煤"开采成为可能。新汶-莱芜矿区有 2 亿 t 的高硫煤量，但国家环保规定高硫煤不准开采。采用地下气化工艺，将煤炭变成气体，便能采取强化手段使含硫成分分离出来，变成有价值的含硫化工产品综合利用。

## 3.5 超（超）临界发电技术

所谓超超临界指的是火电厂锅炉内蒸汽的参数。锅炉内的工质是水，水的临界参数是 22.064MPa、373.99℃。在这个压力和温度时，水和蒸汽的密度是相同的。当锅炉内工质的压力大于这个临界值，就是超临界锅炉；当蒸汽温度不低于 593℃ 或者蒸汽压力不低于 31MPa，就称为超超临界。

压力越大、温度越高，意味着燃煤的效率越高，从而煤炭的使用量越少。目前，国内及国际上一般认为蒸汽温度不低于 600℃，就是超超临界机组。2011 年开始，我国已经致力于研究 700℃的高超超临界技术。

### 3.5.1　超（超）临界发电技术的发展历程和展望

#### 3.5.1.1　超（超）临界发电技术的发展历程

从 20 世纪 50 年代开始，世界上以美国和德国等为主的工业化国家就已经开始了对超临界和超超临界发电技术的研究。经过近半个多世纪的不断进步、完善和发展，目前超临界和超超临界发电技术已经进入了成熟和商业化运行的阶段。世界上超临界和超超临界发电技术的发展过程大致可以分成三个阶段。

第一个阶段，是从 20 世纪 50 年代开始，以美国和德国等为代表。当时的起步参数就是超超临界参数，但随后由于电厂可靠性的问题，在经历了初期超超临界参数后，从 20 世纪 60 年代后期开始美国超临界机组大规模发展时期所采用的参数均降低到超临界参数，在 24MPa、538～566℃停留了 20 多年，直至 20 世纪 80 年代，美国超临界机组的参数基本稳定在这个水平。

第二个阶段，大约是从 20 世纪 80 年代初期开始。由于材料技术的发展，尤其是锅炉和汽轮机材料性能的大幅度改进，以及对电厂水化学方面认识的深入，克服了早期超临界机组所遇到的可靠性问题。同时，美国对已投运的机组进行了大规模的优化及改造，可靠性和可用率指标已经达到甚至超过了相应的亚临界机组。通过改造实践，形成了新的结构和新的设计方法，大大提高了机组的经济性、可靠性、运行灵活性。其间，美国又将超临界技术转让给日本（GE 向东芝、日立，西屋向三菱），联合进行了一系列新超临界电厂的开发设计。这样，超临界机组的市场逐步转移到了欧洲及日本，涌现出了一批新的超临界机组。

第三个阶段，大约是从 20 世纪 90 年代开始进入了新一轮的发展阶段。这也是超超临界机组快速发展的阶段，即在保证机组高可靠性、高可用率的前提下采用更高的蒸汽温度和压力。其发展的主要原因在于国际上环保要求日益严格，同时新材料的开发成功和常规超临界技术的成熟也为超超临界机组的发展提供了条件。这个阶段主要以日本（三菱、东芝、日立）、欧洲（西门子、阿尔斯通）的技术为主，有以下两种发展方向：

（1）压力并不太高，多为 25MPa 左右，而蒸汽温度相对较高，主要以日本的技术发展为代表。这种方案可以降低造价、简化结构、增加可靠性，主要是通过提高温度来提高机组热效率。

（2）蒸汽压力和温度同时都取较高值（28～30MPa，600℃左右），从而获得更高的效率。主要以欧洲的技术发展为代表。部分机组在采用高温的同时，压力也提高到 27MPa 以上。采用更高的再热温度或二次再热循环。

经过半个多世纪的不断完善和发展，超临界参数机组已进入了成熟和实用阶段，具有更高参数的超超临界机组也已经成功地投产、运行。目前发展超超临界发电技术领先的国家主要是日本、德国和丹麦等。

我国从 20 世纪 80 年代后期开始重视发展超（超）临界机组。华能上海石洞口二厂在国内首次引进了 2 台 600MW（24.2MPa）超临界参数机组，锅炉是瑞士苏尔寿和 ABB-CE 供货的变压运行直流锅炉，汽轮机是 ABB 公司的产品，1 号机组于 1992 年 6 月投产，2 号机组于 1992 年 12 月投产。

2002 年，大型超超临界火电技术的研发列入我国"十五"高科技发展计划项目"超超临界燃煤发电技术"，并且确定华能玉环电厂为依托工程和超超临界国产化示范项目。2003 年国家计划项目"超超临界燃煤发电技术"子课题关于"我国发展超超临界发电机组的技术选型研究"通过专家验收。该报告提出的结论是：我国目前阶段合理优化的超超临界参数为一次再热，25～28MPa，相应的发电效率预计为 44.63%～44.99%，单机容量推荐为 600MW 等级和 1000MW 等级两种。

2007 年 8 月，我国首台国产 600MW 超超临界燃煤发电机组——华能营口电厂二期 3 号机正式投产，营口电厂首台国产 600MW 超超临界机组是继华能玉环电厂首台国产 1000MW 超超临界机组投入商业运行后我国电力工业发展的又一个零的突破。

在近十几年中，我国三大发电设备集团（哈尔滨电气集团、上海电气电站集团、东方电气集团）通过技术引进和大量的研究工作，已完全掌握了超（超）临界成套机组的制造技术，具备了批量生产超（超）临界成套机组的能力。

### 3.5.1.2 超（超）临界发电技术的展望

超超临界发电技术越来越得到各国电力工业界的重视，发展的方向是在保持其可用率、可靠性、运行灵活性和机组寿命等的同时，进一步提高蒸汽参数，从而获得更高的效率和环保性能。

（1）蒸汽参数。目前，国外超超临界机组在参数选择上表现出两种趋势：一种是蒸汽压力并不太高，多为 25MPa 左右，而蒸汽温度相对较高（600℃左右）的方案，主要以日本的技术发展为代表；另一种是蒸汽压力和温度同时都取较高值（28～30MPa，600℃左右）的方案，从而获得更高的效率，主要以欧洲的技术发展为代表。

另外，世界上先进的超超临界机组的发展经验表明，机组效率的提高除了由于蒸汽初参数提高的原因外，还可能来源于其他许多方面的因素，例如：锅炉较低的排烟温度和较高的燃烧效率，高效率的主、辅机设备，蒸汽再热级数的选择以及回热系统的设计，等等。据国外研究报告估计，仅由于提高蒸汽参数而提高的效率最多为净效率总提高量的一半左右。因此，发展超超临界机组不仅是提高蒸汽参数就可以实现的，还应注重其他相关技术的研究和开发。

（2）材料。超超临界机组的选材要保证所有部件在机组的最高蒸汽参数下能安全、可靠、稳定、有效地工作。近十几年来，美国、日本和欧洲各国纷纷致力于耐热新钢种的研究开发。一些改良型耐热钢以其优异的热强度、抗高温氧化、耐腐蚀性及良好的焊接工艺性，在超临界、超超临界机组厚壁及高温部件中得到越来越广泛的应用。高温耐热钢是超超临界机组赖以发展的基础，改良型耐热钢的开发，推动了机组蒸汽参数的进一步提高。

国外大量超超临界机组材料的应用经验证明，低铬耐热钢和新高温铁素体-马氏体材料已经可用于压力为 31MPa、温度为 610℃/625℃ 等级的机组。日本、美国及欧洲正在开发适用于蒸汽参数为 34.3MPa/650℃ 及 40MPa/700℃ 的新钢种。该钢种可以使机组的热效率达到 50%～55%。

（3）机组容量。日本在 20 世纪 90 年代以后投产的超临界和超超临界机组多在 600MW 以上，1000MW 等级的机组居多。欧洲的超超临界机组容量则多为 700MW 以上，所以

600MW 和 1000MW 等级将成为超超临界机组容量选择的主要趋势。

（4）再热形式。随着材料技术的不断完善，后来出现的机组多为提高蒸汽参数，采用一次再热循环。从超超临界发电技术发展趋势来看，30MPa 参数以下机组将更多采用一次再热，以降低系统复杂程度，提高可靠性。随着参数的进一步提高，二次再热将成为再热系统形式选择方案之一。

国外超超临界机组发展的近期目标为 1000MW 等级机组，参数为 31MPa/600℃/600℃/600℃，并正在向更高的水平发展。一些国家和制造厂商已经公布了发展下一代超超临界机组的计划，主蒸汽温度将提高到 700~760℃，再热蒸汽温度达到 720℃，相应的压力将从目前的 30MPa 左右提高到 35~40MPa，机组的净效率可以达到 50%~55%，继而使能源利用率、污染物排放达到更高的标准。

上海外高桥第三发电厂，是 2008 年投产 100 万千瓦超超临界机组，当年就实现了供电煤耗286g/（kW·h），此后不断地技术创新使煤耗在 2013 年达到276g/（kW·h）。公开报道显示，外三发电厂比全国平均水平每千瓦时节约 62g 标准煤，这意味着，一年可节约煤 68 万吨，约合 4.7 亿元人民币。而且，除尘率达 99.8% 以上，脱硫效率达 98% 以上，脱硝效率达 80% 以上，在国际上已属顶尖。

目前我国拥有超超临界机组的数量全世界最大。但由于一部分落后的机组仍然在役，因此全国总的煤电机组运行效率仍旧低于世界平均水平。据统计，迄今煤电在我国所占比例仍接近七成，预计至 2030 年煤电在我国占比也将在一半以上。

### 3.5.2　超（超）临界发电的关键技术

超超临界压力发电的关键技术是多方面的，在设计和制造上都有高难技术，如材料的选择、水冷壁系统及其水动力安全性、受热面布置、二次再热系统蒸汽温度的调控等，其中热强度性能高、工艺性好、价格低廉的材料的开发是最关键的问题。

（1）材料。随着蒸汽参数的提高，蒸汽管道、阀门、锅炉和汽轮机的材料也有相应提高。超临界锅炉高温部件（过热蒸汽和再热蒸汽最后一级受热面）的管子材料随蒸汽参数增高而变化，具体见表 3-2。

表 3-2　超临界锅炉高温部件管材随蒸汽参数的变化

| 蒸汽参数<br>（MPa/℃/℃） | 16.7/538/538 | 25/540/560 | 27/585/600 | 30/600/620 | 31.5/620/620 | 35/700/720 |
|---|---|---|---|---|---|---|
| 高温部件<br>材料牌号 | F12 | F12 | P91 | NF616 | 奥氏体钢 | INCONEL<br>镍基合金 |

（2）水冷壁。超超临界压力锅炉的水冷壁系统，主要有螺旋管圈水冷壁和由内螺纹管组成的垂直管圈水冷壁两种。螺旋管圈水冷壁可以自由地选择管子的尺寸和数量，因而能选择较大的管径和保证水冷壁安全的质量流速，管圈中的每根管子均同样地绕过炉膛和各个壁面，因而每根管子的吸热相同，管间的热偏差最小，适用于变压运行。其缺点是螺旋管圈的制造安装支承等工艺较为复杂及流动阻力大。内螺纹管的垂直管圈水冷壁受炉膛沿周界热负荷偏差的影响较大，除了需要采取一定的结构措施（如加装节流装置）使管内工

质流量的分配与管外热负荷的分布相适应外，还要求较高的运行操作水平和自动控制水平。在开发超超临界压力机组时，有必要在现有的超临界压力水冷壁内沸腾传热研究的基础上，扩展试验研究的压力范围，进一步进行试验研究，防止似膜态沸腾现象，确保水冷壁系统工作的安全性。

（3）二次加热系统。在设计二次再热锅炉时，必须考虑在基本负荷下高效率运行，决定最佳的再热器受热面布置和再热蒸汽温度控制方法。超超临界压力锅炉采用了二次中间再热系统，蒸汽温度的控制要比一次再热机组复杂得多。原则上各种高温手段都可以进行再热温度的调节，但考虑到在部分负荷时再热蒸汽温度必须能确保设计值蒸汽温度的特性，负荷变化时，再热蒸汽温度对设计变化率必须稳定。再热蒸汽温度的控制还应考虑到以下两点：

1）为了不降低机组的效率，在正常运行时不用再热器喷水减温。

2）采用再循环风机来控制再热蒸汽温度会增加电厂的动力消耗。

【实例 3-3】 华能玉环电厂 4×1000MW 超超临界机组工程。

（1）工程概况。华能玉环电厂位于浙江省东南沿海瓯江口，乐清湾东岸，玉环半岛西侧，为港口电厂。电厂三面环山，一面靠海，占地面积 110hm$^2$，场地通过爆破开山 2800km$^3$ 围海造地而成。玉环电厂规划四台 1000MW 超超临界燃煤机组，是国家 "863" 计划引进超超临界机组技术、逐步实现国产化的依托工程，建成后将成为国内单机容量最大、参数最高、亚洲规模前列的燃煤火力发电厂，可有效缓解浙江乃至华东电网用电紧张的形势，并能带动国内电力制造及相关产业水平的提高。

电厂主设备按照 "引进技术、联合生产" 的原则制造。锅炉由哈尔滨锅炉厂有限责任公司供货，日本三菱公司提供技术支持，为超超临界变压运行垂直管圈直流炉、一次中间再热、平衡通风、固态排渣、Ⅱ形布置、单炉膛、反向双切圆燃烧，炉膛容积 28000m$^3$，最大连续蒸发量（B-MCR）2953t/h，出口蒸汽参数 27.56MPa/605℃/603℃。汽轮机和发电机分别由上海汽轮机有限公司和上海汽轮发电机有限公司供货，均由德国西门子公司提供技术支持。汽轮机采用超超临界，一次中间再热、单轴、四缸四排汽、双背压、凝汽式、八级回热抽汽，额定功率 1000MW，参数 26.25MPa/600℃/600℃。发电机铭牌功率 1000MW，冷却方式为水-氢-氢，额定电压 27kV，F 级绝缘，功率因数 0.9。

（2）设计特点。

1）四台机组合用一个集控室，与生产办公楼合并布置在主厂房固定端，化学、出灰等系统的控制也集中到集控室，只有输煤和脱硫系统的监控布置在辅控室，以实现四台机组 "一主控一辅控" 的方式。

2）两台机组合用一个钢筋混凝土外筒、双钢内筒烟囱，一期工程不设 GGH，内筒采用钛板进行防腐。

3）四台机组共用一座上煤仓的输煤栈桥，从 2 号、3 号锅炉之间进入煤仓间。

4）机组用淡水全部采用海水淡化，选用了全膜法，即超滤加反渗透工艺，设计出力 1440m$^3$/h，为目前国内容量最大的海水淡化工程。

5）进出煤场的输煤栈桥全部采用露天布置，GIS 也为露天形式。

## 习　题

3-1　名词解释

粉煤燃烧，煤的热解，循环流化床燃烧，煤炭地下气化技术，超超临界，IGCC

3-2　简答题

(1) 煤的高效洁净燃烧技术主要包括哪些内容？

(2) 粉煤燃烧的过程有哪几个阶段？

(3) 先进的粉煤燃烧器主要有哪些类型，各有何特点？

(4) 煤的热解如何分类？

(5) 干馏热解鲁奇-鲁尔工艺有何特点？

(6) 简述循环流化床燃烧的原理。

(7) 什么是整体煤气化联合循环发电技术？其主要特点是什么？

(8) 煤炭气化多联产的典型工艺有哪些？

(9) 按地下气化炉的建造有几种气化方式？

3-3　技能操作

(1) 绘制鲁奇-鲁尔法工艺流程。

(2) 绘制移动床气化的 IGCC 的工艺流程。

# 煤炭的洁净转化技术

## 4.1 煤炭液化

煤炭液化也称煤制油或煤转油，是指在一定的温度、压力和催化剂条件下，煤炭经过一系列化学加工过程，转化为可用于发动机燃料的液体产品（汽油、柴油、液化石油气等液态烃类燃料）的洁净煤技术。煤液化实质是将煤中大分子裂解成为小分子，同时调整煤中的 H/C 以获得液体产品。

根据化学加工过程的不同，煤炭液化工艺可分为直接液化和间接液化两大类。在煤炭液化的加工过程中，煤炭中含有的硫等有害元素以及无机矿物质（燃烧后转化成灰分）均可脱除，硫可以硫黄的形态回收，而得到的液体产品是比一般石油产品更优质的洁净燃料。所以，煤炭液化技术是一种彻底的高级洁净煤技术。

### 4.1.1 煤的直接液化

煤直接液化又称加氢液化，是指煤（尤其是烟煤）磨碎成细粉后，和溶剂油制成煤浆，然后在高温、高压和催化剂存在的条件下，直接与氢气反应（加氢），使煤中的有机物直接转化为较低分子的液体燃料的工艺过程。

#### 4.1.1.1 基本原理

煤与石油主要都是由 C、H、O 等元素组成。不同的是，煤的氢含量和 H/C 比石油低，氧含量比石油高；煤的相对分子质量大，一般大于 5000，而石油相对分子质量分布很宽，从几十到几百；煤的化学结构复杂，一般认为煤的有机质是具有不规则构造的空间聚合体，它的基本结构单元是以缩合芳环为主体的带有侧链和官能团的大分子，而石油则为烷烃、环烷烃和芳烃的混合物。煤中还有相当数量的以细分散形式存在的无机矿物质和吸附水，并含有数量不定的杂原子（氧、氮、硫）、碱金属和微量元素。

根据煤炭与石油在化学组成及结构上的差异，要把固体的煤炭转化成流体的油，煤直接液化必须具备以下 4 大功能：

（1）将煤炭的大分子结构分解成小分子；

（2）提高煤炭的 H/C，以达到石油的 H/C 水平；

（3）脱除煤炭中氧、氮、硫等杂原子，使液化油的质量达到石油产品的标准；

（4）脱除煤炭中无机矿物质。

在直接液化工艺中，煤炭大分子结构的分解是通过加热来实现的。煤的结构单元之间的桥键在加热到 250℃ 以上时开始断裂，产生自由基碎片。自由基碎片非常活泼，当处于氢环境时，它能与周围的氢结合成稳定的 H/C 比较高的低分子产物（油和气）。因此加氢液化的实质是用高温切断煤分子结构中的 C—C 键，在键断裂处用氢来饱和，从而使相对分子质量减小和 H/C 提高。

与煤自由基碎片结合的氢必须是活化氢。活化氢的来源有：煤分子中氢的再分配、供氢溶剂、氢气中被催化活化的氢分子、化学反应放出的氢。为保证系统中有一定的氢浓度，使氢容易与碎片结合，必须有一定的压力（氢分压）。目前的液化工艺的一般压力为 5~30MPa，高压加氢，对设备材质要求较高，投资大、能耗高是主要问题。

### 4.1.1.2　影响因素

煤直接液化的影响因素很多，现仅介绍原料煤、供氢溶剂和操作条件的影响。

A　原料煤

与煤的气化、干馏和直接燃烧等转化方式相比，直接液化属于较温和的转化方式，反应温度较低。正因为如此，它受所用煤种的影响很大。对不同的煤种进行直接液化，所需的温度、压力和氢气量以及其液化产物的收率都有很大的不同。但是由于煤种的不均一性和煤结构的极度复杂性，人们在考虑煤种对直接液化的影响时，目前也仅停留在煤的工业分析、元素分析和煤岩显微组分含量分析的水平上。

就工业分析来讲，一般认为挥发分高的煤易于直接液化，通常要求挥发分大于 30%。与此同时，灰分带来的影响则更为明显，如灰分过高，进入反应器后将降低液化效率，还会产生设备磨损等问题，因此选用煤的灰分一般小于 10%。

就元素分析来讲，H/C 显然是一个重要的指标。H/C 越大，液化所需的氢气量也就越少。相关研究表明，H/C 越小，越有利于氢向煤中转移，其转化率越大。日本学者津久绎和桥本的研究中，神木上湾煤虽然 H/C 较低，但却有良好的液化特性，这说明元素分析并不能完全反映其液化性能，它还与煤种内部的分子结构形式和组成成分相关。

除此之外，还有一些研究成果值得关注，如含氧官能团中酯对促进煤液化反应方面有着重要的作用，酚类化合物则起着负面作用；用核磁共振波谱法和傅里叶变换红外光谱法测定的如芳环上碳原子数、芳环上氢原子数、单元结构的芳环数和芳环缩合度等煤结构参数也作为煤液化选煤的重要指标。

B　供氢溶剂

在煤的直接液化过程中，溶剂的作用有以下几个方面：

（1）与煤配成煤浆，便于煤的输送和加压。同时溶剂可以有效地分散煤粒子、催化剂和液化反应生成的热产物，有利于改善多相催化液化反应体系的动力学过程。

（2）溶解煤，防止煤热解产生的自由基碎片缩聚。

（3）溶解部分氢气，作为反应体系中活性氢的传递介质；或者通过供氢溶剂的脱氢反应过程，提供煤液化需要的活性氢原子。

（4）在有催化剂时，促使催化剂分散和萃取出在催化剂表面上强吸附的毒物。

在煤的液化过程中，供氢溶剂的具体作用十分复杂，一般认为好的溶剂应该既能有效溶解煤，又能促进氢转移，有利于催化加氢。

C　操作条件

温度和压力是直接影响煤液化反应进行的两个因素，也是直接液化工艺两个最重要的操作条件。煤液化反应对反应温度最敏感。这是因为一方面温度增加后，氢气在溶剂中的溶解度增加；另一方面更重要的是反应速度随着温度的增加呈指数关系增加。所以提高反应温度是最有效的提高反应速度的方法。但是由此也带来以下不利影响：

（1）反应温度提高后，随着反应速率的增加，反应热成比例增加，使温度控制非常困难；

（2）如果温度过高则一次产物会发生二次热解，生成气体，使液体产物的收率降低。有研究表明，当温度超过450℃时煤转化率和油产率的增加较少，而气体产率增多，因此还会增加氢气的消耗量。

对于压力而言，理论上压力越高对反应越有利，大量试验研究证明煤液化反应速率与氢分压的成正比。但压力的增加会增加系统的技术难度和危险性，增加能耗，降低生产的经济性，因此要权衡利弊综合考虑。新的生产工艺都在努力降低压力条件，早期德国 IG 工艺的反应压力高达 30 ~ 70 MPa，目前常用的反应压力已经降到了 17 ~ 25MPa，大大减少了设备投资和操作费用。

### 4.1.1.3 煤直接液化催化剂

目前国内外用于煤液化工艺研究和生产的催化剂种类很多，通常按其成本和使用方法的不同，分为廉价可弃型催化剂和高价可再生型催化剂。最常用的催化剂是廉价可弃型催化剂。由于价格便宜，廉价可弃型催化剂在直接液化过程中与煤一起进入反应系统，并随反应产物排出，经过分离和净化过程后存在于残渣中。常用的廉价可弃型催化剂为含有硫化铁或氧化铁的矿物或冶金废渣，如天然黄铁矿（$FeS_2$）、高炉飞灰（$Fe_2O_3$）等，常称之为铁系可弃型催化剂。1913 年，Bergius 首先使用了铁系催化剂进行煤液化的研究，其所使用的是从铝厂得到的赤泥（主要含氧化铁、氧化铝及少量氧化钛）。通常，铁系可弃型催化剂常用于煤的一段加氢液化反应中，反应完不回收。

高价可再生型催化剂的催化活性一般好于廉价可弃型催化剂，但其价格昂贵，故需要反复使用。它们通常是石油工业中常用的加氢催化剂，多以多孔氧化铝或分子筛为载体，主要活性成分为 $NiO$、$MoO_3$、$CoO$ 和 $WO_3$。在运行过程中，随着时间的延长，催化剂的活性会逐渐下降，所以必须设有专门的加入和排出装置以更新催化剂。对于直接液化的高温高压反应系统，这无疑会增加系统的技术难度和成本。

### 4.1.1.4 反应器

煤直接液化反应器实际上是能耐高温（470℃）、耐氢腐蚀的高压容器，它有三种类型：圆筒式或管式反应器、流化床反应器、全返混浆态反应器。经工业生产试验证明这三种反应器都是适用的。

反应器壁由多层钢板焊接而成，并有隔热保温层。按结构形式的不同，它可分为冷壁和热壁两种形式。冷壁式反应器是在耐压筒体的内部有隔热保温材料，保温材料内侧是耐高温、耐硫化氢腐蚀的不锈钢内胆，但它不耐压，所以在反应器操作时保温材料夹层内必须充惰性气体至操作压力。冷壁式反应器的耐压壳体材料一般采用高强度锰钢。热壁式反应器的隔热保温材料在耐高压筒体的外侧，所以实际操作时反应器筒体壁处于高温下。因此，筒体材料必须采用特殊的合金钢，内壁再堆焊一层耐硫化氢腐蚀的不锈钢。中国第一重型机械集团公司在 20 世纪 80 年代已研制成功热壁式反应器，现在大型石油加氢装置上使用的绝大多数是热壁式反应器。

#### 4.1.1.5  工艺过程及典型工艺

**A  煤直接液化基本工艺过程**

煤的直接液化工艺一般可以单段液化（SSL）和两段液化（TSL）两类，工艺流程如图4-1和图4-2所示。典型的单段液化工艺主要是通过单一操作条件的加氢液化反应器来完成煤的液化过程，而两段液化是指煤在两种不同反应条件的反应器中加氢反应。

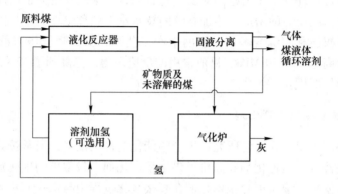

图4-1  单段煤炭液化工艺流程

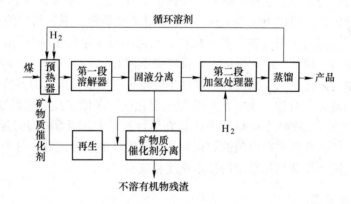

图4-2  两段煤炭液化工艺流程

**B  典型工艺介绍**

（1）德国 IG 和 IGOR 工艺。德国是第一个将煤直接液化工艺用于工业化生产的国家，采用的工艺是德国人 Bergius 在 1913 年发明的 Bergius 法，由德国 I. G. Farbenindustrie（燃料公司）在 1927 年工业化，所以也称 IG 工艺。

IGOR 工艺是由联邦德国煤矿研究院、萨尔煤矿公司和菲巴石油公司在 IG 工艺基础上开发而成。工艺流程如图4-3所示。它包括煤浆制备、液化反应、两段催化加氢、液化产物分离和常压蒸馏等工艺过程。

IGOR 工艺的操作条件在现代液化工艺中最为苛刻，所以适合于烟煤的液化。在处理烟煤时，可得到大于90%的转化率，液体收率以无水无灰煤计算为50%~60%。液化油在

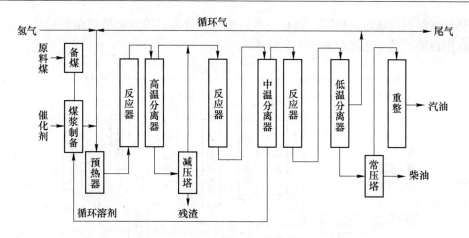

图 4-3 IGOR 工艺流程

IGOR 工艺中经过反应条件十分苛刻的加氢精制后，产品中的 S、N 含量降到几十个 ppm 数量级。

（2）溶剂精炼煤法（SRC）。溶剂精炼煤法是由美国 EPRI 开发的，是煤在溶剂中借助高温和氢压作用，溶解和解聚，进而发生加氢裂解，生成较小分子碳氢化合物、轻质油和气体的工艺。

按加氢深度的不同，SRC 法又分为 SRC-1 和 SRC-2 两种。SRC-1 以超低灰、超低硫精煤为主要原料。SRC-2 是 SRC-1 的改进，提高了煤加氢裂解的深度，以生产液体燃料为主。SRC 工艺流程如图 4-4 所示。

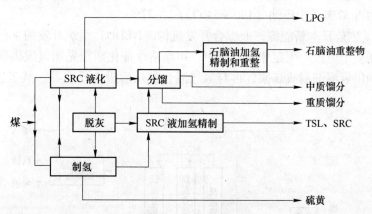

图 4-4 SRC 工艺流程

（3）氢-煤法（H-COAL）。它是煤一段催法加氢液化的先进技术。其特点是采用石油渣油催化加氢裂化的流化床反应器和高活性催化剂，由煤直接制取合成原油或洁净燃料油。

煤和循环溶剂制成煤浆，与氢气混合后，经过预热（400℃）进入装有颗粒状的 Co-Mo/Al$_2$O$_3$ 催化剂的流化床反应器中（427℃，18.6MPa）。反应器内设有循环管，底部装有循环泵，反应产物大部分从反应器顶部导出，少部分由循环管导出，经循环泵再返回反应器，而催化剂仍留在反应器内，且保持沸腾状态。反应产物离开反应器后进行分离，即经过热分离器到闪蒸塔，塔底产物再经水力旋流器分离出用做制造煤浆的料浆、循环重油和气化用残渣。其工艺流程如图4-5所示。

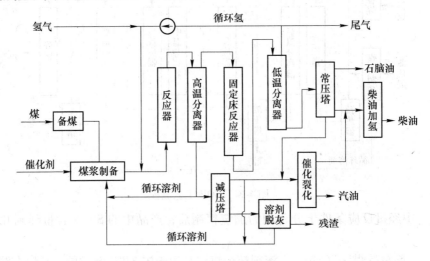

图4-5　H-COAL工艺流程

（4）供氢溶剂法（EDS）及NEDOL工艺。供氢溶剂法是借助供氢溶剂的作用，使煤在一定的温度和压力下溶解加氢液化的工艺。其特点是循环溶剂的一部分在一个单独的固定反应器中，用高活性催化剂预先加氢成供氢溶剂。煤和供氢溶剂及循环溶剂制成煤浆，与氢气混合后，经过预热器进入反应器。该法液化烟煤时$C_1 \sim C_4$气体烃产率为22%，馏分油中石脑油占37%，中质油（180~340℃）占37%。

NEDOL工艺是日本新能源产业综合开发机构（NEDO）组织开发的工艺。其特点是循环溶剂全部在一个单独的固定床反应器中，用高活性催化剂预先加氢成供氢溶剂，煤加上铁系催化剂和供氢溶剂制成煤浆，再与氢气混合预热后进入反应器。其工艺流程如图4-6所示。

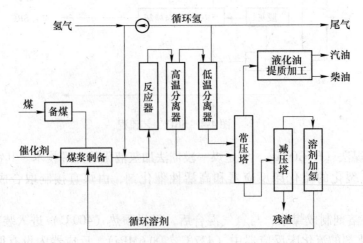

图4-6　NEDOL工艺流程

（5）两段催化液化法（CTSL）。两段催化液化法是将煤在两个流化床反应器中，经高温催化加氢裂化成较低分子的液体产品。该工艺两段都采用高活性的加氢裂解催化剂，两个反应器紧密相连，使煤的热溶解和加氢反应各自在最佳的反应条件下进行，生成较多的馏分油和较少的气体烃，产品质量好，氢有效利用率高。其工艺流程如图4-7所示。

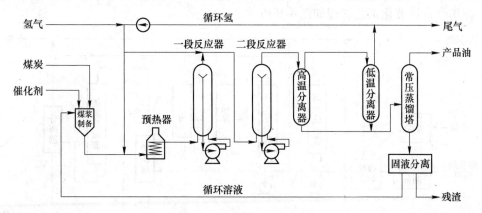

图 4-7　CTSL 工艺流程

（6）煤-油共炼法。煤-油共炼法是将煤和石油渣油（或重油、稠油）混合制成煤浆，借催化剂和高温作用，进行加氢裂化和液化反应，将煤和渣油同时转变成馏分油。在反应过程中，渣油做供氢溶剂，煤和煤中矿物质促进渣油转变成轻、中质油，防止渣油黏焦，吸附渣油中镍、钒等重金属。由于这种协同作用，煤-油共炼比煤或渣油单独加工，油收率高，氢耗低，可以处理劣质油，工艺过程比煤液化工艺简单，建厂投资低，是发展煤液化的过渡技术。

在煤-油共炼工艺中，由于不用临界溶剂脱灰装置、需要较少氢气等原因，工厂总投资较低，所生产的粗酚油的氢含量比两段催化液化的高，芳香烃含量适中，便于加工成各种运输原料油。其工艺流程如图4-8所示。

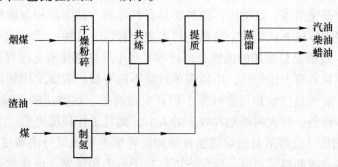

图 4-8　煤-油共炼法工艺流程

（7）神华工艺。神华煤直接液化工艺是在充分借鉴、消化、吸收国外现有煤直接液化工艺技术的基础上，结合国家"863"高效合成煤直接液化催化剂的成功开发，完全依靠自己的技术力量开发形成的具有自主知识产权的煤直接液化工艺。其主要特点有：

1）采用了"863"高效合成催化剂。

2）煤浆制备全部采用经过适度加氢的供氢性循环溶剂。

3）采用两个强制循环的悬浮床反应器。

4）采用减压蒸馏的方法对重质液化油品中的沥青和固体物进行脱除。

5）溶剂和产品采用强制循环悬浮床加氢反应器进行加氢处理。

神华煤直接液化工艺流程如图4-9所示。

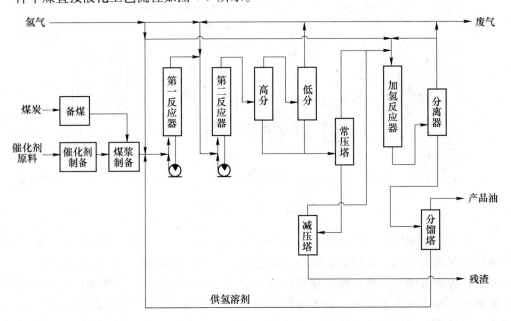

图 4-9　神华煤直接液化工艺流程

### 4.1.1.6　煤直接液化产物处理

煤直接液化所得的产物粗油中含有各种固体残渣，主要是原料煤中的灰分、未完全转化的煤和外加的催化剂等。这些固体颗粒物具有粒度细、黏度高和与液相之间的密度差小等特点。将这些固体残渣从粗油中分离的技术主要有以下几种：

（1）过滤。过滤是最常用的固液分离技术，是早期煤直接液化过程常用的技术。由于粗油中的固体颗粒具有上述特性，所以简单过滤不能奏效，需要采用辅助措施，如加油稀释后离心过滤、加压热过滤和预涂硅藻土后真空过滤等。过滤法的普遍缺点是处理量小，需要较多的单体设备、较大的场地和较多的人力，而且工作环境也差。

（2）反溶剂法。反溶剂是指对前沥青烯和沥青烯等重质组分溶解度很小的有机溶剂，当将它们加到待分离的料浆中时，能促进固体粒子析出和凝聚，使颗粒变大，从而有利于分离。

（3）超临界萃取脱灰。此法由美国凯尔-麦克吉（Kerr-Mcgee）公司开发，用于两段集成液化工艺。它利用超临界抽提原理，将料浆中的可溶解物质萃取到溶剂中，从而与不溶解的残渣和矿物质分离。采用的溶剂主要是含苯、甲苯和二甲苯的溶剂油。

（4）真空闪蒸。此法首先将含固体残渣的粗油料浆在热分离器中加热，分出气体和轻油；然后液态物料进入闪蒸塔（约400℃）进行闪蒸，蒸出气化成分，塔底留下沥青烯、煤和矿物质等不挥发的成分。为了使留下的残渣仍然有一定的流动性，便于用泵输送，蒸馏过程中不能将油全部气化，应保持残渣中的固体含量在 50% 左右，其软化点约为160℃。此法将过滤改为蒸馏，设备大为简化，处理量大增。由于循环油为蒸馏油，不再含有沥青烯，煤浆黏度降低，反应性能得到改善。此法的缺点是残渣中有部分重质油，降低了液体产物的总收率。IG 新工艺、SRC-2、H-COAL 和 EDS 等都采用这一技术。这是 20世纪 70 年代液化技术的一个重大发展。

煤直接液化技术包括的学科、涉及的技术范围十分广阔，尽管德国 IGOR 工艺、日本NEDOL 工艺和神华工艺等已经达到很高的水平，但还没有达到尽善尽美的地步，技术创新和技术优化还需不断发展更新。

### 4.1.2 煤的间接液化

煤炭间接液化是首先将煤炭在高温下与氧气和水蒸气反应转化成合成气（$CO + H_2$），然后再合成为液体燃料的工艺过程。该方法是德国人 F. Fischer 和 H. TroPsch 在 1923 年用$CO + H_2$ 合成气在铁系催化剂合成出含烃类油料多的产品开发出来的，因此也称为费-托（F-T）合成法。这是合成石油工业的开始，也是煤炭间接液化制取烃类油的一种方法。煤间接液化流程如图 4-10 所示。间接液化得到的烃类经进一步加工可以生产汽油、柴油和LPG 等产品。

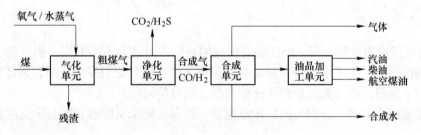

图 4-10 煤间接液化流程

#### 4.1.2.1 F-T 合成法原理

F-T 合成的主要化学反应是由一氧化碳加氢生成烷烃和烯烃，反应式如下：

生成烷烃： $nCO + (2n+1)H_2 \longrightarrow C_nH_{2n+2} + nH_2O$

生成烯烃： $nCO + 2nH_2 \longrightarrow C_nH_{2n} + nH_2O$

还有一些副反应，如下：

生成甲烷： $CO + 3H_2 \longrightarrow CH_4 + H_2O$

生成甲醇： $CO + 2H_2 \longrightarrow CH_3OH$

生成乙醇： $2CO + 4H_2 \longrightarrow C_2H_5OH + H_2O$

结炭反应： $2CO \longrightarrow C + CO_2$

在 F-T 合成中包含许多平行和顺序反应，相互竞争又相互依存，有以下规律：

（1）生成烃类和二氧化碳的概率高于生成烃类和水的概率。

（2）从烃类化合物类型讲，烷烃最易生成，其次是烯烃、双烯烃、环烷烃和芳烃，炔烃不能生成。

（3）对同一种烃类，随碳数增加，生成概率增加。

（4）温度升高，对主要产物的生成不利，尤其是多碳烃类和醇类。相对比较，温度高有利于烷烃特别是低烷烃的生成，温度低有利于不饱和烃和含氧化合物的生成。

### 4.1.2.2　催化剂

铁催化剂比其他金属便宜，选择性和操作性适应性较好，可采用高空速合成辛烷值较高的汽油。F-T 合成所用的催化剂有铁、钴、镍和钌等，其中用于工业生产主要是铁。铁系催化剂又可分为沉淀铁系催化剂和熔融铁系催化剂。沉淀铁系催化剂主要应用于固定床反应器中，反应温度较低，为 200～280℃。熔融铁系催化剂主要应用在温度较高的气流床反应器中，反应温度达 280～340℃。为改善 F-T 合成的选择性，也研究开发了 Fe/ZSM-5、Zn-Cr/ZSM-5 等催化剂。

### 4.1.2.3　反应机理

F-T 合成的第一步是 CO 和 $H_2$ 在催化剂上同时进行化学吸附，CO 的 C 原子与催化剂金属结合，形成活化的 C—O—键，与活化的氢反应，构成一次复合物，进一步形成链状烃。链状烃由于表面化合物的加碳作用，使碳链增长。此增长碳链因脱吸附、加氢或因与合成产物反应而终止。

### 4.1.2.4　反应器

F-T 合成反应为放热反应，因此随着反应的进行，温度会不断升高，温度的升高会使反应的选择性变坏，生成甲烷并在催化剂上积炭，使催化剂使用寿命下降，因此需要反应在等温条件下进行，故首先需要解决排除大量反应热的问题。

反应器类型有三种，分别为固定床反应器、循环流化床反应器和浆态床反应器。

### 4.1.2.5　典型工艺

国际上煤基合成油产业建设比较成功的是南非 SASOL 公司。它在技术方面主要采用流化床反应的高温 F-T 合成，同时开发成功了浆态床低温合成技术。这是目前世界先进的 F-T 合成工艺技术，主要特点是操作成本低，生产效率高。

美国 Mobil 公司开发的由甲醇制汽油工艺（MTG）在新西兰建设有以天然气为原料年生产 1000 万吨的汽油工业装置。此外，还有丹麦的 Topsoe 公司开发的 TIGAS 过程的中试装置、荷兰 Shell 公司开发的 SMDS 过程等工业化技术。

伊泰 16 万吨煤间接液化项目工艺技术项目的核心技术为中国科学院山西煤炭化学研究所开发的浆态床 F-T 合成技术，产品主要为液化气、石脑油、柴油。产品以附加值较高的直链烷烃为主，生产比率为柴油 64.5%、石脑油 30%、液化石油气 5.5%。经中国石化销售有限公司华北研究所分析，十六烷值达到 80，酸值低，色度为 0，硫含量低，密度 0.76g/m³ 左右；可以在 0 号至 −35 号之间进行调节。

（1）SASOL F-T 合成法。图 4-11 所示为典型的费-托合成油工艺流程。从鲁奇炉加压气化得到的粗煤气经过冷却、净化处理后得到石脑油、废气和纯合成气。石脑油和粗煤气冷却分离的焦油一起进入下游的精馏装置，废气经过脱硫后排入大气，脱硫、脱氧后的 $H_2$ 和 CO 进入费-托合成反应器。一般的，对于固定床反应器，$H_2$ 与 CO 摩尔比为 1.5～

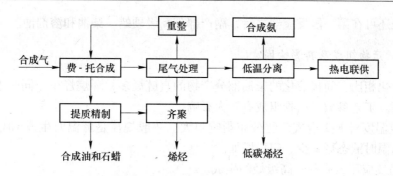

图 4-11 典型费-托合成油工艺流程

2.1；对于浆态床反应器，H/CO 摩尔比为 0.5 ~ 1.0。碳链长度不同的液态烃进入提质精制，得到汽油、柴油、煤油、石蜡等产品，一部分尾气进入齐聚反应器，增加合成油收率，另一部分重整为合成气返回费-托合成反应器。剩余气体经过深冷分离，得到低碳烯烃，剩余部分气可用于供热、发电和合成氨生产。在全部工艺流程中，费-托合成反应器是关键设备。

（2）MFT 法。20 世纪 80 年代初，中国科学院山西煤化学研究所开始了煤基合成液体燃料的研究，提出将传统的 F-T 合成与择形催化分子筛相结合的两段法改进成 F-T 合成汽油新技术（简称 MFT 法）。

MFT 工艺将传统的 F-T 合成宽馏分烃类（$C_1$ ~ $C_{40}$）缩小到 $C_1$ ~ $C_{12}$，其中汽油馏分占 70% ~ 80%，且质量好，辛烷值可达 90 以上。产品分布可调性大，在合成汽油的同时，可联产煤气、高级硬蜡、化肥等。其工艺流程（见图 4-12）简单，操作条件温和，适用于中小型规模商业化。

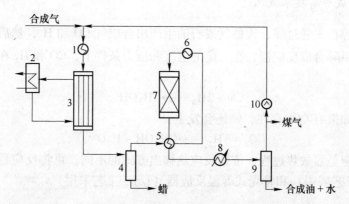

图 4-12 MFT 法合成工艺流程

1—加热炉对流段；2—导热油冷却器；3——段反应器；4—分蜡罐；5——段换热器；
6—加热炉辐射段；7—二段反应器；8—水冷器；9—气液分离器；10—循环压缩机

煤气化制取的合成气（$CO + H_2$）经净化（除尘、脱硫和脱氧等）后进入第一段固定床（或浆态床）催化反应器，经铁系催化剂的作用，在压力为 1.5 ~ 3.0MPa、温度为 220 ~ 300℃ 的条件下进行传统的 F-T 合成反应，其合成产物包括烃类、含氧化合物和水。这些产物连同未转化的合成气一起等压进入第二段装有分子筛催化剂的固定床反应器，在 320 ~ 340℃ 下，经分子筛的择形催化和改质作用，直接生成高辛烷值汽油（>90）和城市煤气。该过程还可在第一段反应器之后，副产部分高级硬蜡、柴油和溶剂油。

### 4.1.2.6　产物组成及其影响因素

与直接液化相比，间接液化的柴油馏分产物的直链烃多，环烷烃少，同时不含氮硫杂质，凝固点高。工艺参数对产物组成有较大影响。

（1）反应温度对 F-T 合成产物分布影响很大。一般规律是低温时生成 $CH_4$ 少、高沸点烃类多，高温时液态烃减少、$CH_4$ 增加。

（2）提高反应压力有利于高级烃的生成。

（3）随着原料气空速的增加，相对分子质量低的产物量增加，低级烃中烯烃比例也会增加，$CH_4$ 明显增加。

（4）$H_2/CO$ 比值大时有利于 $CH_4$ 的生成，因此为了获得合适的反应结果，不宜选用 $H_2/CO$ 比值大于 2 的原料气。

## 4.1.3　煤制甲醇及其转化技术

甲醇俗称木醇、木精，最早是从木材干馏中获得的。甲醇不仅是重要的化工原料，可以合成出甲醛、甲胺、醋酸等多种化工产品，而且可以做优质的燃料。甲醇具有良好的燃烧性能，无烟，而且辛烷值高，抗爆性能好，因此是汽车必不可少的替代燃料品之一。我国具有富煤、缺油、少气的能源资源特点，因地制宜地利用煤或天然气为原料合成甲醇，进一步发展有机化学工业和燃料工业的路线是合理可行的，而由合成气合成甲醇是煤间接液化的成熟技术，是煤转化利用的重要途径。

### 4.1.3.1　合成甲醇技术概况

工业生产甲醇首先通过煤、天然气或石油生产出合成气 CO 和 $H_2$，然后将经过脱硫净化的合成气通入甲醇合成反应器，在一定的温度和压力条件下，CO 和 $H_2$ 在催化剂的作用下发生如下反应：

$$CO + 2H_2 \longrightarrow CH_3OH$$

在合成气中如果有 $CO_2$ 存在，则还会发生：

$$CO_2 + 3H_2 \longrightarrow CH_3OH + H_2O$$

甲醇合成反应是强放热过程，依据反应热移出方式的不同，可将反应器分为激冷式绝热反应器（ICI 工艺采用）和管壳式等温反应器（Lurgi 工艺采用）。

### 4.1.3.2　合成甲醇的工艺流程

以 CO 和 $H_2$ 为原料合成甲醇通常有高、中和低压合成三种合成方法。较早的合成甲醇是采用高压法工艺，使用较低活性的锌铬基催化剂（$Zn_2O_5$-$Cr_2O_3$），合成压力为 30 ~ 50MPa，温度为 380 ~ 400℃。该法在合成过程中动力消耗大，设备复杂，产品质量差，条件苛刻，最大的问题是副反应多、甲醇产率低，已属淘汰技术。20 世纪 60 年代后开发出中、低压法合成工艺使用活性较高的铜锌基催化剂（CuO-ZnO-$Al_2O_3$），合成压力为 5 ~ 10MPa，温度为 230 ~ 280℃。与高压合成工艺相比较而言，该法设备简单、投资节省、动力消耗低、产品质量好，具有显著的优越性，已成为目前合成甲醇工业上应用和工艺开发的主要方向。以中压法和低压法生产的甲醇产量约占世界总量的80%以上。

Lurgi 低压甲醇合成工艺流程如图 4-13 所示。合成气经压缩升压至 5～10MPa，与循环气以 1:5 混合后进入反应器，在铜催化剂作用下进行甲醇合成反应。由反应器出来的反应气体中含有 4%～7% 的甲醇，经过换热器换热后进入冷凝冷却器，然后在气液分离器中将冷凝的甲醇分离出来，得到粗甲醇。粗甲醇进入轻馏分闪蒸塔，压力降至 0.35MPa 左右，塔顶脱出轻质气体，塔底粗甲醇进入精制提质系统。气液分离器排出的气体还含有大量未反应的 CO 和 $H_2$，部分排出系统可作燃料气使用，其余气体与新鲜气混合并用循环压缩机增压后再进入合成反应器。

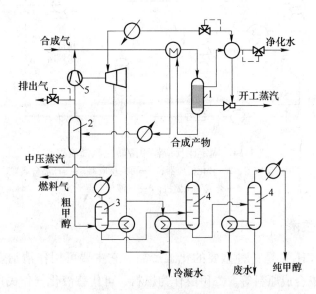

图 4-13　Lurgi 低压合成甲醇流程

1—反应器；2—气液分离器；3—轻馏分塔；4—甲醇塔；5—压缩机

### 4.1.4　甲醇转化成汽油

MTG（甲醇制汽油）工艺是指以甲醇作原料，在一定温度、压力和空速下，通过特定的催化剂进行脱水、低聚、异构等步骤转化为 $C_{11}$ 以下烃类油的过程。这是甲醇制烃类工艺中的一种，是未来甲醇化工的主线之一。其典型工艺是由毛比尔（Mobil）公司开发的，于 1986 年在新西兰实现商业生产，年产汽油 57 万吨，辛烷值为 93.7。

甲醇转化成汽油的原理是：首先甲醇发生放热反应，生成二甲醚和水，然后二甲醚和水又转化成轻烯烃，最后生成重烯烃。

其工艺流程如图 4-14 所示。MTG 工艺的转化反应发生在固定床反应器内，工艺采用两段反应器，一段为二甲醚反应器，另一段为转化反应器。此时反应器温度为 340～407℃，压力为 2MPa。

甲醇转化得到的汽油不含杂质原子，也不含有机氧化物。其沸点范围如同优质汽油，但其中含有较多的均四甲苯，为 3%～6%，而在一般汽油中只有 0.2%～0.3%，另外其辛烷较高。

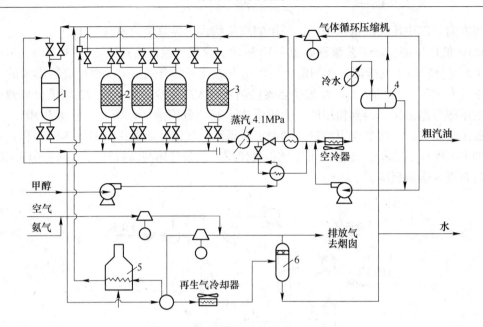

图 4-14　固定床反应器甲醇转化汽油流程

1—二甲醚反应器；2—转化反应器；3—再生反应器；4—产品分离器；

5—合成气压缩机；6—气液分离器

### 4.1.5　煤制二甲醚技术

二甲醚（$CH_3OCH_3$）是一种重要的化工产品。它主要可用作清洁燃料、气雾剂、制冷剂、发泡剂、有机合成原料等。二甲醚作为燃料，可代替液化气作民用燃料，也可用作车用燃料、发电厂发电燃料等。另外，二甲醚也是重要的有机精细化工原料，羰基化可制醋酸甲酯、醋酐，也可用于生产甲基化试剂用于制药、农药与染料工业。

目前，生产二甲醚的工艺路线很多，工业上应用的主要是甲醇气相催化脱水工艺和合成气直接合成二甲醚工艺。

（1）甲醇气相催化脱水工艺。甲醇气相催化脱水工艺的原理十分简单，如图 4-15 所示，即在反应温度为 250～330℃、在催化剂的作用下，甲醇发生脱水反应，生成二甲醚和水。

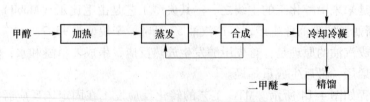

图 4-15　甲醇气相催化脱水工艺原理

在目前的工艺中，催化剂一般选择氧化铝或硅酸铝。有文献报道，在甲醇脱水过程中，一般要经历三个阶段：二甲醚的形成、轻烃的生成和带有氢转移的芳构化形成芳烃。因此对于实际工艺来讲，除了第一阶段，其余轻烃和芳烃的生成均属于副反应，应该通过控制反应条件和选择适当催化剂来促进二甲醚的生成，同时抑制副反应的发生。此工艺甲醇单程的转化率一般在70%~80%之间，二甲醚的选择性高于90%，制得的二甲醚的纯度可高达99.9%。

（2）合成气直接合成二甲醚。在甲醇脱水工艺过程中，由于涉及过多中间环节，因此热效率降低，同时不利于大规模生产二甲醚。因此合成气一步法合成二甲醚工艺受到了广泛关注。其基本原理如图4-16所示。

合成气 ⟶ 升压 ⟶ 换热 ⟶ 合成 ⟶ 吸收 ⟶ 精馏 ⟶ 二甲醚

图4-16 合成气一步法合成二甲醚基本流程

合成气经压缩、净化和加热后进入合成反应器内，从顶部出来的气体与合成器换热冷却后，进入吸收塔内，通过精馏得到二甲醚。

从化学反应角度看，一步法工艺也包括与甲醇脱水类似的几个反应：

$$CO_2 + 3H_2 \longrightarrow CH_3OH + H_2O$$

$$H_2O + CO \longrightarrow H_2 + CO_2$$

$$2CH_3OH \longrightarrow CH_3OCH_3 + H_2O$$

在甲醇生产中，希望通过催化剂选择性地促进前两个反应，而抑制副产物二甲醚的生成；而在合成气一步法中，则希望所选的催化剂能同时促进这三个反应，并使二甲醚的产率最高。

除此之外，作为美国洁净煤技术计划的一部分，Air Product公司开发成功了液相二甲醚新工艺LPDMETM。该工艺与同期液相甲醇合成工艺LPMEOHTM是一对姊妹工艺。目前工程示范结果令人满意。

## 4.2 燃料电池

燃料电池（FC）是一种将燃料和氧化剂的化学能通过电化学过程直接转化为电能的装置，是一种新型的无污染、高效率的发电设备，主要用于航天、军事等特殊场合。燃料电池在交通运输、便携式电源、分散电站、航空航天及水下潜器等民用与军用领域展现出广阔的应用前景。

### 4.2.1 燃料电池的基本原理及特点

#### 4.2.1.1 燃料电池的发电原理

燃料电池的基本原理（见图4-17）与一般原电池相似。单体电池由阴极（即氧化极）、阳极（即燃料极）以及电解质组成。不同的是一般电池的活性物质储存在电池内部，限制了电池的容量。而燃料电池的阴阳极本身不包含活性物质，只是个催化转换元件。因此，燃料电池是名副其实地把化学能

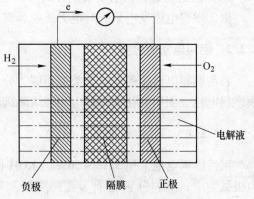

图4-17 燃料电池的工作原理

转换为电能的能量转换机器。电池工作时，燃料和氧化剂由外部供给，进行反应。原则上，只要反应物不断输入，产物不断排出，燃料电池就能连续地发电。

燃料电池的反应是电解水的逆过程，电极反应为：

阳极：
$$H_2 = 2H^+ + 2e$$

阴极：
$$2H^+ + \frac{1}{2}O_2 + 2e = H_2O$$

电池反应：
$$H_2 + \frac{1}{2}O_2 = H_2O$$

在阳极中，供给的燃料气体中的 $H_2$ 分解成 $H^+$ 和 e，$H^+$ 移动到电解质中与正极中 $O_2$ 发生反应。e 经由外部的负荷回路，再返回到正极，参与阴极的反应。一系列的反应促成了 e 不断地经由外部回路，就构成了发电。并且从上面的反应式可以看出，由 $H_2$ 和 $O_2$ 生成水，除此以外没有其他的反应，$H_2$ 所具有的化学能转变成了电能。但实际上，伴随着电极的反应存在一定的电阻，会引起部分热能产生，由此减少了转换成电能的比例。

另外，只有燃料电池本体还不能工作，必须要有一套相应的辅助系统，包括反应剂供给系统、排热系统、排水系统、电性能控制系统及安全装置等。

### 4.2.1.2　燃料电池的特点

由于燃料电池能将燃料中的化学能直接转化为电能，其发电过程不经过卡诺循环，因此可以避免中间能量转换的损失，达到很高的发电效率。目前正在使用的燃料电池的电能转换效率均在 40%~60% 之间，若热电合并则效率可达 80%。燃料电池还有以下一些特点：

（1）不管是满负荷还是部分负荷均能保持高发电效率；

（2）具有很强的过负载能力；

（3）发电量由电池堆的大小和组数决定，机组容量的自由度大；

（4）电池本体的负荷响应性好，用于电网调峰优于其他发电方式；

（5）无污染，发电过程中没有燃烧，几乎不会产生 $NO_x$ 及 $SO_2$，同时由于电池结构简单，无转动组件，噪声很低；

（6）通过与燃料供给装置组合的可以适用的燃料广泛。

因此燃料电池发电系统对电力工业具有极大的吸引力。

## 4.2.2　燃料电池的分类

目前燃料电池按照电解质类型不同，分为碱性燃料电池、磷酸型燃料电池、质子交换膜燃料电池、固体氧化物燃料电池和熔融碳酸盐燃料电池五类。

### 4.2.2.1　碱性燃料电池（AFC）

碱性燃料电池采用35%~50%的 KOH 作为电解液，浸在多孔石棉膜中或装载在双孔电极碱腔中，两侧分别压上多孔的阴极和阳极构成电池。电池的工作温度一般在 60~220℃，可在常压或加压条件下工作。电池的结构如图 4-18 所示。

碱性燃料电池的电解质中电流载体是氢氧根离子（$OH^-$），从阴极迁移到阳极与氢气反应生成水，水再反扩散回阴极生成氢氧根离子，电极反应如下：

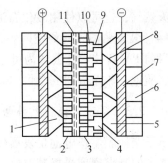

阳极反应：　$2H_2 + 4OH^- \longrightarrow 4H_2O + 4e$

阴极反应：$O_2 + 2H_2O + 4e \longrightarrow 4OH^-$

总反应：　　　$2H_2 + O_2 \longrightarrow 2H_2O$

碱性燃料电池的优点是：工作温度低，电池本体结构材料选择广泛，电极极化损失小；可以不用贵金属铂系催化剂，成本低；启动速度快。碱性燃料电池也有缺点，因为电解质为碱性，易与 $CO_2$ 生成 $K_2CO_3$、$Na_2CO_3$ 沉淀，严重影响电池性能，所以必须除去 $CO_2$，这给其在常规环境中应用带来很大的困难，电池的水平衡问题很复杂，影响电池的

图 4-18　AFC 的结构

1—氧气室；2—阴极；3—阳极；
4—水吸收板；5—氢气室；6—冷却板；
7—集电板；8—集电网；9—贯通孔；
10—氢气通路；11—保持电解液的石棉基质

稳定性。在短期看来，碱性燃料电池的应用基本局限在空间、AIP 系统以及固定发电系统等方面，而且面临其他类型燃料电池的竞争。现在碱性燃料电池基本已被质子交换膜燃料电池取代。

#### 4.2.2.2　磷酸型燃料电池（PAFC）

磷酸型燃料电池采用 100% 的磷酸（$H_3PO_4$）做电解质，室温时是固态，相变温度为 42℃，这样方便电极的制备和电堆的组装。磷酸是包含在类似聚四氟乙烯（PTFE）黏结成的 SiC 粉末的基质中作为电解质的。基质的厚度一般为 $100 \sim 200\mu m$。电解质基质两侧分别是附有催化剂的多孔石墨阴极和阳极，各单体之间再采用致密的石墨分隔板把相邻的两片阴极板和阳极板隔开，以防止阳极和阴极气体相互渗透混合。电池的工作温度一般在 200℃ 左右，在这样的温度下，需要采用铂作为电催化剂，通常采用具有高比表面积的炭黑作为催化剂载体。单电池的工作电压在 0.8V 以下，发电效率为 40% ~ 50%，大容量电站效率稍高些。如果采用热电联供，总效率可高达 80%。

磷酸型燃料电池的电极反应为：

阳极反应：　　　$H_2 + 2H_2O \longrightarrow 2H_3O^+ + 2e$

阴极反应：$O_2 + 4H_3O^+ + 4e \longrightarrow 6H_2O$

总反应：　　　　$2H_2 + O_2 \longrightarrow 2H_2O$

其反应模式如图 4-19 所示。

与其他燃料电池相比，磷酸型燃料电池的特点有：

（1）制作成本低，是目前发展最成熟的燃料电池，已经实现商品化。目前国际上大功率的实用燃料电池电站均是这种燃料电池。

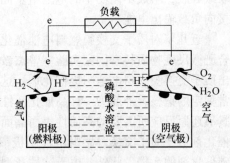

图 4-19　PAFC 反应模式

（2）故障率低，随着技术不断改进，PAFC 电站，特别是 50kW 和 200kW 电站，其无故障连续运行时间在不断加长。

（3）燃料来源丰富，PAFC 电站可以使用各种气态或液态燃料，主要是使用天然气或液化天然气，也可以使用液化石油气、甲醇、煤油、沼气等。

（4）装置紧凑，检修空间小，维修困难。

目前 PAFC 技术已公认为可用于热电联供的、具有高度可靠性的发电装置，特别在像医院、监狱、旅馆等对安全供电要求特别高的场合有着很好的应用前景。

### 4.2.2.3　质子交换膜燃料电池（PEMFC）

质子交换膜燃料电池是发展较晚的一种新型燃料电池，但其发展前景极其看好。这种电池的电解质是一种全氟磺酸型固体聚合物，在增湿情况下可传导质子。它一般采用 Pt/C 或 Pt-Ru/C 作为电催化剂，$H_2$ 或净化重整气为燃料，空气或纯氧为氧化剂，带有气体流动通道的石墨或表面改性的金属板为双极板，工作环境温度一般为 60~80℃，属低温燃料电池。其主体结构如图 4-20 所示。

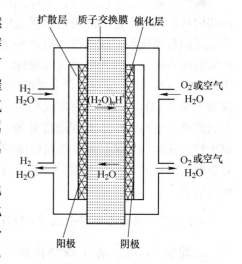

图 4-20　PEMFC 主体结构

质子交换膜燃料电池中的电极反应类同于其他酸性电解质燃料电池。阳极催化层中的氢气在催化剂作用下发生反应分解为氢离子和电子，电子经外部电路到达阴极，氢离子则经电解质膜到达阴极。氧气与氢离子及电子在阴极发生反应生成水。其电极反应为：

阳极反应：
$$H_2 \longrightarrow 2H^+ + 2e$$

阴极反应：
$$\frac{1}{2}O_2 + 2H^+ + 2e \longrightarrow H_2O$$

总反应：
$$H_2 + \frac{1}{2}O_2 \longrightarrow H_2O$$

生成的水不稀释电解质，而是通过电极随反应尾气排出。多个电池单体可根据需要串联或并联，组成不同功率的电池组。同时，电子在外电路的连接下形成电流，通过适当连接向负载输出电能。

近几年对质子交换膜燃料电池催化剂的研究有了新的进展。2015 年中国科学技术大学合肥微尺度物质科学国家实验室曾杰教授课题组与美国阿克伦大学教授彭振猛合作，研制出质子交换膜燃料电池阴极催化剂。这种核壳型纳米催化剂的内部为一种低催化活性但非常稳定的钯核，外部为一种高催化活性的铂镍合金，不仅具有极高的铂原子利用率，还兼具氧还原反应所需要的高活性表面晶面，并实现了对铂镍原子比例的调控。研究表明，该催化剂对于质子交换膜燃料电池阴极氧还原反应的活性高达 0.79kA/g，约为目前商用铂碳催化剂的 5 倍。此外，由于这种新型催化剂内部存在较为稳定的钯核，其整体稳定性大幅度提高，在循环充放电测试 6000 次后，未见其性能有显著降低。这项研究成果为开发新一代燃料电池提供了高效的纳米催化剂，也为改善燃料电池的综合性能提供了新思路。

### 4.2.2.4　固体氧化物燃料电池（SOFC）

固体氧化物燃料电池是一种全固体燃料电池。其工作原理是（见图 4-21）：氧气在阴极被还原成氧离子，在电解质中通过氧离子空穴导电从阴极传导到阳极，氢气在阳极被氧化，结合氧离子生成水。

电池的电极反应为：

阳极反应：
$$2O^{2-} + 2H_2 \longrightarrow 2H_2O + 4e$$

阴极反应：
$$O_2 + 4e \longrightarrow 2O^{2-}$$

总反应：
$$2H_2 + O_2 \longrightarrow 2H_2O$$

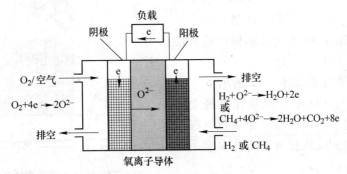

图 4-21　SOFC 工作原理示意图

SOFC 的优点在于：不使用贵金属材料，有利于降低成本；使用固体电解质，避免了电池材料的腐蚀；电池部件全部为固体，可以安装成很薄的层状结构，各个电池部件可制成特定的形状，这是液体电解质燃料电池所不允许的；一般在高温下操作，加快了化学反应速率，放宽了对燃料纯度的要求，而且可以在电池内进行重整，利于余热回收。其不足之处在于：由于操作温度较高，所以对材料及制备技术的要求都比较高；各组成原件间的相容性、热膨胀匹配性及单电池的稳定性都是高温操作的燃料电池必须特别考虑的。

我国国内 SOFC 的主要研制单位有中国科学院大连化学物理研究所、中国科学院上海硅酸盐研究所、吉林大学、中国科学技术大学等单位，目前已具备了研制数千瓦级 SOFC 发电系统的能力。

### 4.2.2.5　熔融碳酸盐燃料电池（MCFC）

熔融碳酸盐燃料电池采用碱金属（Li、Na、K）的碳酸盐作为电解质，工作温度在 600～650℃。它是 20 世纪 50 年代后发展起来的一种中高温燃料电池。与低温燃料电池相比，高温燃料电池具有明显的优势。

MCFC 的优点在于：工作温度较高，反应速度加快；对燃料的纯度要求相对较低，可以对燃料进行电池内重整；不需贵金属催化剂，成本较低；采用液体电解质，较易操作。其不足之处在于，在高温下液体电解质的管理较困难，长期操作过程中，腐蚀和渗漏现象严重，很大程度上降低了电池的寿命，使 MCFC 大型化及实际应用受到限制。

熔融碳酸盐燃料电池采用碳酸盐作为电解质，其中的载流子是碳酸根离子。在阴极，氧气和二氧化碳一起在催化剂作用下被氧化成碳酸根离子，在电解液中迁移到阳极，与氢气作用生成二氧化碳和水。其电极反应和总反应如下：

阳极反应：
$$H_2 + CO_3^{2-} \longrightarrow H_2O + CO_2 + 2e$$

阴极反应：
$$\frac{1}{2}O_2 + CO_2 + 2e \longrightarrow CO_3^{2-}$$

总反应：
$$H_2 + \frac{1}{2}O_2 + CO_{2,c} \longrightarrow H_2O + CO_{2,a}$$

总反应式中 $CO_2$ 的下角标 c 和 a 分别表示阴极和阳极。可以看出，整个电池反应中，阴极消耗 $CO_2$ 而阳极生成 $CO_2$。为了维持系统中 $CO_2$ 的平衡，需要在阴极反应中加入 $CO_2$，可以用阳极的尾气与阴极反应气混合后进气或者外加 $CO_2$ 气源。

MCFC 的工作原理如图 4-22 所示。

上述反应中，CO 不是直接在电极上被氧化，而是通过水汽置换反应生成氢气参与电池反应的，这一反应在电池工作温度下是一个快速反应：

$$CO + H_2O \longrightarrow CO_2 + H_2$$

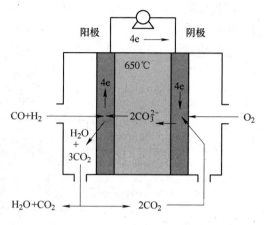

图 4-22　熔融碳酸盐燃料电池的工作原理

近年来国内外燃料电池技术取得了一定的突破。美国、日本等百千瓦和兆瓦级的燃料电池应用在分散式电站、中心发电厂等。2014 年 12 月，大众集团在洛杉矶车展上推出了 3 款氢燃料汽车，分别为奥迪 A7Sportback h-tron quattro、高尔夫 Sportwagen HyMotion 以及帕萨特 HyMotion 等车型。以上大众集团的 3 款燃料电池车型均采用了由大众自主研发的第四代燃料电池组，该燃料电池组采用的是 100kW 低温质子交换膜燃料电池。第五代燃料电池技术即燃料电池的纳米结构大众集团也正在进行全力的研发。

### 4.2.3　燃料电池系统

图 4-23 为燃料电池发电系统框图。燃料电池的工作过程与内燃机相似，也是必须不断地向内部送入燃料气体与氧化剂，才能够确保连续稳定的运行，同时，燃料电池还必须能够排出反应产物，如氢氧燃料电池中所产生的水和热。

### 4.2.4　燃料电池发展现状及方向

现代燃料电池的研究和开发始于 20 世纪 50 年代。20 世纪 60 年代，美国航空航天局将燃料电池成功地应用到载人航天飞行器中，使燃料电池在这一特殊领域步入实用化阶段。20 世纪 70 年代石油危机发生后，能源问题日趋突出，人们普遍认识到能源的重要性，因此，各国在加紧提高能源利用效率的同时，开始了对燃料电池的研发。在 20 世纪 70 ~ 80 年代，燃料电池的研究主要集中于开发新材料、寻求最佳的燃料来源及降低成本等方面，例如杜邦公司就在 1972 年成功开发出 Nafion 膜。到了 20 世纪 90 年代，燃料电池技术开始进入民用领域，标志性的事件就是 1993 年加拿大巴拉德动力系统（Ballard Power System）公司推出全世界第一辆以质子交换膜燃料电池为动力的汽车。世界各大石油公司，如美国的 Arco 公司、荷兰的壳牌公司、美国的 Texaco 公司均已投资开发汽油甚至柴油的车载制氢装置，参与燃料电池电动车的开发。各国的大电力公司也纷纷投资开发家用

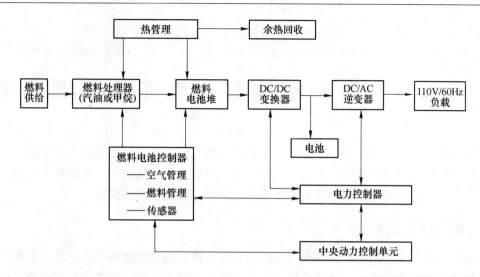

图 4-23　燃料电池发电系统框图

电源和分散电站的燃料电池系统。

　　进入 21 世纪后，全世界许多医院、学校、商场等公共场所已经安装燃料电池进行并联供电或示范运转，而各大汽车生产商也已经开发出各种以燃料电池为动力的汽车。在世界上的许多城市，包括北京，以燃料电池为动力的公共汽车正在投入示范运行。到 2020年，燃料电池汽车将占世界汽车市场的 25%。此外，以燃料电池作为便携式电子产品电源的开发，也在如火如荼地进行中。由此可见，燃料电池作为继水力、火力、核能之后新一代能源技术，其广阔的应用前景不容忽视。

4-1　名词解释

　　煤的液化，煤的直接液化，煤的间接液化，燃料电池

4-2　简答题

　　(1) 简述影响煤直接液化的因素。

　　(2) 煤的直接液化有哪些典型的工艺？

　　(3) 简述煤的直接液化过程中所用的催化剂品种及其性能。

　　(4) 简述合成气制甲醇的主要工序。

　　(5) 试比较不同燃料电池特点及应用前景。

4-3　技能操作

　　(1) 绘制煤气化制甲醇的典型流程。

　　(2) 绘制 F-T 合成工艺过程。

　　(3) 试画出燃料电池工作原理图。

# 5 污染物排放控制与废弃物处理技术

控制煤烟气污染物排放、开发利用煤系废弃物不仅是洁净煤技术的内在要求,而且对国民经济的发展也具有重要意义。多年来,人们对烟道气、煤层气、煤矸石、粉煤灰与煤泥以及矿井水资源的开发利用等方面做了大量工作,取得了许多成果。

## 5.1 烟气净化技术

烟气净化技术是指根据燃煤烟气中有毒有害气体及烟尘的物理、化学性质的特点,对烟气中的污染物予以脱除、净化的技术。它包括烟气除尘、烟气脱硫和烟气脱硝三大类技术,其作用分别是脱除烟气中的粉尘、$SO_2$ 和 $NO_x$,减少因燃煤造成的大气污染。

### 5.1.1 烟气除尘技术

煤燃烧后,其中的灰分一部分变成炉渣,另一部分则以飞灰的形式与烟气一起离开锅炉,为防止其对环境的污染和对引风机的磨损,必须对其进行捕集,即除尘。目前采用的除尘设备主要有旋风除尘器、湿式除尘器、袋式除尘器和电除尘器四大类。

(1) 旋风除尘器。旋风除尘器是利用旋转的含尘气流所产生的离心力,将粉尘从气流中分离出来的除尘装置。目前使用的主要有大直径旋风除尘器和多管旋风除尘器两种。旋风除尘器设备结构简单,占地面积小,制造及安装费用低,维护管理方便,压力损失中等,动力消耗不大,可以用各种材料制造,能用于高温、高压以及有腐蚀性的气体,并有可直接回收干颗粒物的优点。它一般用来捕集 $5 \sim 15\mu m$ 的颗粒物,除尘效率可达 80% 左右。其缺点主要是某些部件易磨损、对捕集 $5\mu m$ 以下颗粒的效率不高,一般作为预除尘。目前,旋风除尘器在我国的使用面仍很广,今后随着环保要求的日益严格,这种除尘器将会逐渐被取代。

(2) 湿式除尘器。借水或其他液体形成的液网、液膜或液滴与含尘气体接触,借助惯性碰撞、扩散、拦截、沉降等作用捕集尘粒,使气体得以净化的各类除尘装置统称为湿式除尘器。湿式除尘器的种类很多,目前国内常用的有水膜除尘器、喷淋塔、文丘里洗涤器、冲击式除尘器和旋流板塔等。其优点是在除尘的同时可以去除某些气态污染物,投资比达到同样效率的其他除尘设备要低,可处理高温废气以及黏性的尘粒和液滴,安装维修方便等。其缺点是能耗大,有废泥和泥浆需要处理,金属设备容易腐蚀,在寒冷地区使用可能发生冻结,排烟温度低,不利扩散。另外,净化后的气体从湿式除尘器中排出时,一般都带有水滴,为了除去这部分水滴,需在湿式除尘器后附有脱水装置。

目前湿式除尘器的应用面仍很广。在东北、华北、华中地区的燃煤电站锅炉中,水膜除尘器对应的锅炉容量占全国的 77%,东北地区湿式除尘器对应的锅炉容量占全国 27%。全国水膜除尘器平均效率为 89%,一般都不能满足环保要求,只能作为初级除尘使用。

(3) 袋式除尘器。袋式除尘器是利用织物制作的袋状过滤主件来捕集含尘气体中固体颗粒物的除尘装置。其优点是：除尘效率高，一般在 90% 以上；处理能力较大；结构简单、造价低，维护操作方便；受粉尘物性的影响较小。其缺点是：体积和占地面积较大；本体压力损失较大；对滤袋质量有严格的要求，滤袋破损率高，使用寿命短，运行费用较高。

袋式除尘器也可获得与电除尘器相近的除尘效率，且对煤种的适应性强，对于某些比电阻范围的煤，除尘效率甚至高于电除尘器，对于粉尘中的细微颗粒，如可吸入颗粒物，有更好的除尘效果。在处理低硫煤烟气时，袋式除尘器投资低于电除尘器。

（4）径流式电除尘器。径流式电除尘器是将收尘阳极板垂直于气流方向布置，使电场力的方向与引风力的方向在同一水平线上，使粉尘颗粒在引风力与电场力的共同作用下，在新型阳极板上完成捕集。径流式电除尘器能够捕集 PM2.5 级细微颗粒物，对细微颗粒物的捕集效率达 95%。该设备运行阻力低，处理烟气量大，耐高温、耐腐蚀，使用简单可靠，运行维护费用较低，且无二次污染。径流式电除尘器不仅适用于火电厂大气污染物的治理，同时也可以应用于钢铁企业、化工企业、水泥企业、制药企业等领域，其极低排放浓度及低能耗的优势，将带来巨大的环境效益和经济效益。

2015 年 3 月首钢国际工程公司与河北建投宣化热电厂签订径流式电除尘器总承包合同，将该技术成功推广应用于火电厂，除尘技术应用取得新的突破。

（5）电-袋复合式除尘器。电-袋复合式除尘器由电除尘收集粉尘总量的 80%~90%，由布袋除尘器收集剩下 10%~20% 的粉尘。电-袋复合式除尘器是一种新型高效率、高可靠性除尘器。该产品将电除尘和布袋除尘两种成熟技术有机结合在一起，取长补短，充分发挥了电除尘在第一电场中能大量收尘及布袋除尘对粉尘粒度和比电阻不敏感、排放浓度低的优点，是满足更加严格排放标准的新一代除尘设备，可应用于电力、建材、冶金等行业，尤其是对于老式电除尘器的提效改造更具优势（基本保持原有占地位置，排放浓度做到小于 $50mg/m^3$（标态））。该产品的成功开发是我国除尘技术的又一项重要突破。

### 5.1.2 烟气脱硫技术

燃煤烟气中的硫主要是 $SO_2$ 及少量的 $SO_3$（只占氧化硫总量的 0.5%~5%，且较 $SO_2$ 易除去）。它们均是由煤中硫在煤燃烧时与氧化合而生成的。烟气中 $SO_2$ 的浓度与燃煤中的硫含量直接相关，两者大体上成比例关系。

烟气脱硫技术根据其工艺特点可以分为湿法和干法两大类。湿法主要有石灰石/石膏法、双碱法等；干法主要有喷雾干燥法、循环流化床干法烟气脱硫法、活性炭/活性焦催化氧化吸附法等。两种方法相比，湿法的优点是操作费用较低。干法的优点是没有废水的二次处理等问题，净化后的烟气仍可保持较高温度而直接排放，而湿法则必须将烟气再加热后才能排放。

#### 5.1.2.1 D.B.A 湿式石灰石/石膏法烟气脱硫技术

该工艺是由德国开发的，是当前世界上选择电厂烟气脱硫系统时，优先选择的湿法烟气脱硫工艺。其工艺流程如图 5-1 所示。粉碎的石灰石粉与循环洗涤水混合形成浓度为20% 左右的浆液，泵入吸附器底部储槽，与原有的浆液一起被泵入位于吸附器不同高度的

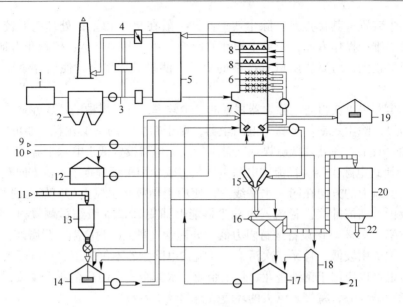

图 5-1    D. B. A 湿式石灰石/石膏法烟气脱硫工艺流程
1—炉；2—电除尘器；3—未净化烟气；4—净化烟气；5—气-气换热器；6—吸收塔；7—吸收液储槽；
8—除雾器；9—氧化空气；10—过程水；11—石灰石粉；12—过程水罐；13—石灰石粉储罐；14—石灰石浆罐；
15—水力旋流器；16—胶带式过滤器；17—缓冲罐；18—排放罐；19—吸收液溢流储槽；
20—石膏槽；21—液体排放；22—石膏

喷嘴喷成细小的雾粒，与进入的烟气逆向反应吸收，在吸收器底储槽鼓泡输入 $O_2$，石灰石与 $SO_2$ 反应生成硫酸钙和石膏。生成的石膏浆体被连续输出通过旋流分离器和过滤器而得到石膏，分离出的液体与新的石灰石粉混合后直接送回吸收器底部储槽。

这一过程原理相当复杂，但其总的化学反应可用下述方程式表示：

$$SO_2 + \frac{1}{2}O_2 + 2H_2O + CaCO_3(固) \longrightarrow CaSO_4 \cdot 2H_2O(固) + CO_2(气)$$

### 5.1.2.2    喷雾干燥法

喷雾干燥法实际上是一种半干法，其工艺流程如图 5-2 所示。它是向热烟气中喷入石灰浆雾滴，石灰浆液的固体浓度一般为 30%~50%，多采用转速为 $10^4$ r/min 的离心式雾化器，雾化粒度为 20~100μm。石灰浆雾滴可与烟气中大部分 $SO_2$ 和全部 $SO_3$、HCl 等有害气体反应生成性质稳定、溶解度低的 $CaSO_3 \cdot 1/2H_2O$、氯化钙、氟化钙及少量的 $CaSO_4 \cdot 2H_2O$ 而达到脱除 $SO_2$ 的目的。形成的细小雾滴可以提供较大的反应表面积，提高了脱硫效率。雾滴在吸收 $SO_2$ 的同时，被烟气干燥，形成固体粉末。这些粉末大部分随烟气排出脱硫塔，只有一小部分沉积到吸收塔底部。脱硫渣中尚有未经反应的 $Ca(OH)_2$，为了提高脱硫剂的钙利用率，通常将吸收塔和除尘器收集的脱硫渣一部分返回供料槽与新鲜石灰配制成吸收浆循环使用。未完全反应的脱硫剂在除尘器中还会与烟气中残留的 $SO_2$ 继续反应，特别是当采用布袋除尘器时，脱硫渣在布袋上将形成一过滤层，它可吸收掉烟气中残留的 1/2~3/4 的 $SO_2$，使总脱硫效率达 90%~95%。

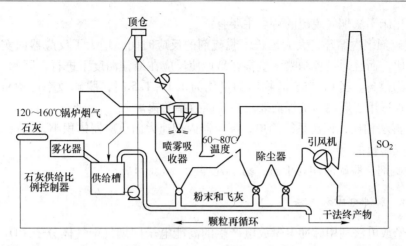

图 5-2 喷雾干燥法脱硫工艺流程

### 5.1.2.3 循环流化床干法烟气脱硫技术

循环流化床干法烟气脱硫的工艺流程如图 5-3 所示。采用脱硫剂为消石灰干粉，反应器为循环流化床。烟气中的 $SO_2$、$SO_3$、HCl 等有害气体在循环流化床中与消石灰反应，生成 $CaSO_3 \cdot 1/2H_2O$、$CaSO_4 \cdot 1/2H_2O$、$CaCl_2$ 等。这些干态的反应产物与未完全反应的消石灰粉一起随烟气离开反应器，进入百叶窗分离器及电除尘器。从百叶窗分离器和电除尘器收集下来的干灰，一部分送至飞灰储存场，另一部分则回送到循环流化床继续参与反应。这样，在反应器和分离器及除尘器之间构成了脱硫剂循环回路。根据烟气中初始含硫浓度及 Ca 与 S 物质的量比要求，需要向循环流化床反应器中连续补充新鲜的消石灰干粉，并使补充量与外排飞灰量达成动态平衡。

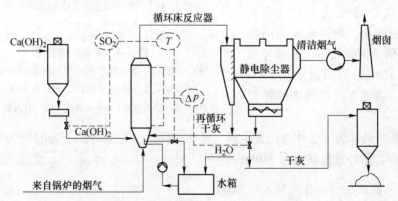

图 5-3 循环流化床干法烟气脱硫工艺流程

烟气从循环流化床反应器的下部进入，消石灰干粉和循环干灰分别从反应器下部渐扩段给料口喷入。另外，在反应器干粉喷入上方布置有喷水嘴。喷水量对脱硫过程的高效稳定运行至关重要，这一点与喷雾干燥法是一样的。因为当用 CaO 和 Ca(OH)$_2$ 为脱硫剂时，脱硫反应温度越接近露点温度效果越好，但考虑到结露会引起结垢、腐蚀等问题，喷水量一般应控制在反应器出口烟温稍高于露点温度的水平上。

循环流化床干法烟气脱硫的特点主要有：

（1）脱硫剂多次循环，大大延长了脱硫剂的反应时间，增大了反应器内实际 Ca 与 S 的物质的量比，而且通过控制喷水量很容易地使反应在最佳温度下进行，因此，脱硫效率和钙利用率都很高。当 Ca 与 S 的物质的量比为 1.1~1.5 时，脱硫效率可达 90%~97%，因此，它特别适用于燃用高硫煤而要求高脱硫效率的锅炉。

（2）与湿法相比，该法系统简单，反应器内烟速大而反应器体积小，造价较低，投资仅为湿法烟气脱硫的 50%。

（3）脱硫剂、脱硫渣均为干态，易于处理。

### 5.1.2.4　脉冲电晕放电法

脉冲电晕放电法利用脉冲电晕放电产生的高能电子同烟气中气体分子（$O_2$、$H_2O$、$N_2$ 等）作用产生丰富的离子和自由基，这些活性粒子同污染物分子（$SO_2$、$NO_x$）发生氧化或还原反应（主要途径为氧化），在有添加剂 $NH_3$ 存在的条件下生成相应的铵盐，然后由布袋过滤器或静电除尘器收集产物，从而达到净化烟气的目的。此法由于设备简单，投资省，操作简便，成为国际上干法脱硫的研究前沿。

其实验流程如图 5-4 所示。$SO_2$ 与从加热器中进入的空气混合，加入氨水后形成模拟烟气，然后进入反应器，烟气在反应器中停留时间由引风机风速决定。烟气在反应器中被脉冲电晕和氨水净化处理，取样测定浓度后由引风机排空。反应器采用线筒式电极结构，电晕导线为直径 $1.0 \times 10^{-3}$m 的不锈钢丝，外筒电极为内径 $9.7 \times 10^{-3}$m 的不锈钢圆筒，电晕导线有效长度为 1.0m，因而对于 0.5m/s 的烟气流速，烟气在反应器中的停留时间为 2s。

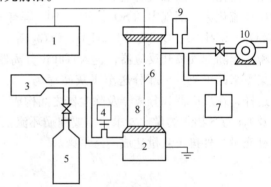

图 5-4　实验流程简图

1—脉冲电源；2—反应器；3—空气加热器；4—氨水注入；
5—$SO_2$ 气体；6—电晕线；7—$SO_2$ 浓度检测仪；
8—圆筒电极；9—流量计；10—引风机

自行研制的纳秒级窄脉冲电压发生器，产生连续的高压脉冲的上升时间为 32.0ns，脉冲宽度约 70ns，脉冲重复频率为 746Hz。

### 5.1.2.5　脱硫除尘一体化技术（NID）

#### A　NID 技术原理

NID 工艺常用的脱硫剂为 CaO，要求平均粒径不大于 1mm。CaO 在一个专门设计的消化器中加水消化成 $Ca(OH)_2$，然后与除尘器及机械预除尘器除下的大的循环灰相混合进入增湿器，在此加水增湿使混合灰的水分含量从 2% 增加到 5%，然后含钙循环灰以流化风为动力借助烟道负压的引力进入直烟道反应器。含 5% 水分的循环灰由于有极好的流动性，省去了喷雾干燥法复杂的制浆系统，克服了普通半干法活化反应器中可能出现的黏壁问题。大量的脱硫循环灰进入反应器后，由于有极大的蒸发表面，水分蒸发很快，在极短的时间内使烟气温度从138℃冷却到70℃左右，烟气相对湿度则很快增加到40%~50%。这是较好的脱硫工况，一方面有利于$SO_2$分子溶解并离子化，另一方面使脱硫剂表面的膜变薄，减少了$SO_2$分子在气膜中扩散的传质阻力，加快了$SO_2$的传质扩散速度。同时由于有大量的灰循环，未反应的$Ca(OH)_2$进一步参与循环脱硫，所以反应器中$Ca(OH)_2$的浓度很高，反应器中有效Ca和S的物质的量比很大，且加水消化制得的新$Ca(OH)_2$具有很高的活性。这样可以弥补反应时间的不足，能保证在1s左右的时间内使脱硫效率大于80%。由于脱硫剂是不断循环的，脱硫剂的有效回用率达95%以上。故而脱硫剂的消耗接近于理论耗量。最终产物则部分溢流至终产物仓，由气力输送装置外送。

  B  工艺流程

  NID工艺流程如图5-5所示。从锅炉或除尘器排出的未经处理的热烟气，经烟气分布器后进入NID反应器，与调湿的可自由流动的飞灰和石灰混合粉接触。其中的活性组分立即被混合粉中的磁性组分吸收。同时，水分也得到蒸发，使烟气达到有效吸收$SO_2$所需的温度。对烟气的分布、混合粉的供给速率及分布、调湿用水量进行有效控制，可以创造达到最佳脱硫效率所需的适宜条件。经处理的烟气进入除尘器（袋式除尘器或静电除尘器），除去其中的粉尘。除尘器排出的烟气经引风机排入烟囱。除尘器除掉的粉尘经调湿系统后进入NID反应器。灰斗的灰位计控制副产品的排出。排出的副产品进入副产品库。

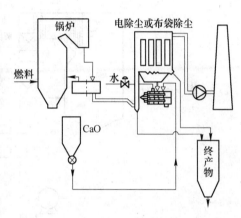

图5-5  NID工艺流程

### 5.1.3  烟气脱硝技术

  烟气中$NO_x$的形成与$SO_2$的形成不同。$SO_2$完全是煤中硫在燃烧时形成的；而$NO_x$一部分是由煤中所含的氮转化而来的，另一部分则是在高温下空气中的氧与氮直接化合形成的。因此，控制$NO_x$的排放可以有两类方法：一类是改善燃烧运行条件来减少$NO_x$形成，如尽量降低燃烧温度、减小高温区的供氧量等，目前开发的先进低$NO_x$燃烧器以及流化床燃烧就是这方面的例子；另一类就是对烟气进行脱硝。虽然采用炉内脱硝已能满足目前的环保要求，但炉内脱硝效率相对说来较低。随环保要求的日益严格，研究开发先进的烟气脱硝技术具有十分重要的意义。

#### 5.1.3.1  选择性催化还原法（SCR）烟气脱硝技术

  SCR就是向烟气中喷入液氨，在催化剂（铁、钒、铬、铜、钴或钼等碱类金属）的作用下，烟气中的$NO_x$被还原为$N_2$和$H_2O$。选择$NH_3$为还原剂，是因为$NH_3$有很好的选择性，它只与$NO_x$发生反应，而不与烟气中的氧反应，这样可减少还原剂的消耗量。SCR法对催化剂的要求是活性高、寿命长、经济性好和不产生二次污染，为此，通常采用以二氧化钛为基体的碱金属催化剂，其最佳反应温度为300~400℃，$NO_x$的脱除率达80%以上，已成为国内外电厂脱硝的主流技术。

典型的 SCR 烟气脱硝工艺流程如图 5-6 所示。热烟气离开锅炉省煤器后进入 SCR 反应器，在将要进入反应器前，$NH_3$ 被喷入烟气中，以便 $NH_3$ 能与烟气充分混合。通过调节 $NH_3$ 的喷入量来达到所需要的 $NO_x$ 脱除率。当混合气体通过 SCR 反应器中的催化层时，$NH_3$ 与 $NO_x$ 发生如下化学反应：

$$4NH_3 + 6NO \xrightarrow{\text{催化剂}} 5N_2 + 6H_2O$$

$$4NH_3 + 4NO + O_2 \xrightarrow{\text{催化剂}} 4N_2 + 6H_2O$$

$$8NH_3 + 6NO_2 \xrightarrow{\text{催化剂}} 7N_2 + 12H_2O$$

$$4NH_3 + 2NO_2 + O_2 \xrightarrow{\text{催化剂}} 3N_2 + 6H_2O$$

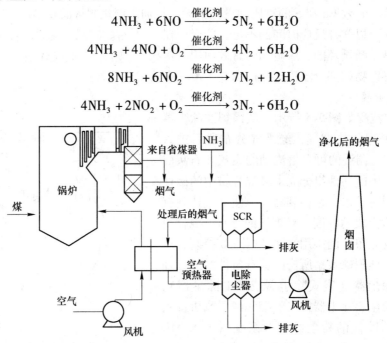

图 5-6　SCR 烟气脱硝工艺流程

催化剂床层温度保持在 370℃ 左右。

目前 SCR 法的主要问题，一是硫酸盐的结垢（烟气中存在少量的 $SO_3$ 容易与氨反应生成硫酸铵，容易在喷嘴和其他设备上结垢）；二是催化剂失活（燃煤烟气中夹带少量的金属氧化物黏附到催化剂上导致催化剂中毒而失去活性）；三是喷入 $NH_3$ 的流量不易控制。

### 5.1.3.2　选择性非催化还原法（SNCR）烟气脱硝技术

SNCR 烟气脱硝技术又被称为热力 $DeNO_x$ 工艺，是一种不用催化剂还原 $NO_x$ 的方法。把含有 $NH_x$ 基的还原剂（如氨气、氨水或者尿素等）喷入炉膛温度为 800～1100℃ 的区域，该还原剂迅速热分解成 $NH_3$ 和其他副产物，随后 $NH_3$ 与烟气中的 $NO_x$ 进行 SNCR 反应生成 $N_2$。SNCR 法烟气脱硝的工艺流程与 SCR 法基本一致。

SNCR 烟气脱硝技术的特点主要有：

（1）脱硝效果令人满意。SNCR 技术应用在大型煤粉锅炉上，长期现场应用一般能够达到 30%～50% 的 $NO_x$ 脱除率。

（2）还原剂多样易得。SNCR 技术中脱除 $NO_x$ 的还原剂一般都是含氮的物质，包括氨、尿素、氰尿酸和各种铵盐（醋酸铵、碳酸氢铵、氯化铵、草酸铵、柠檬酸铵等），但效果最好、实际应用最广泛的是氨和尿素，无二次污染。

（3）系统简单、施工时间短。SNCR 技术最主要的系统就是还原剂的储存系统和喷射系统，主要设备有储罐、泵、喷枪和必要的管路、测控设备。由于设备简单，SNCR 技术的安装期短，仅需 10 天左右停炉时间，小修期间即可完成炉膛施工。

### 5.1.3.3 炽热碳还原法

利用碳质固体还原废气中的 $NO_x$ 属于无触媒非选择性还原法。与选择性催化法相比，其优点是不需要价格昂贵的铂、钯贵金属催化剂，因而避开了催化剂中毒所引起的问题，并且碳质固体价格便宜、来源广。虽然当烟气中 $O_2$ 含量高时，碳质固体消耗较大，但 $O_2$ 和 $NO_x$ 与碳的反应都是放热反应，消耗定量的碳所放出的热量与普通燃烧过程基本相同，这部分反应热量可以回收利用。该过程的化学反应如下：

$$C + 2NO \longrightarrow CO_2 + N_2$$
$$2C + 2NO \longrightarrow 2CO + N_2$$
$$2C + 2NO_2 \longrightarrow 2CO_2 + N_2$$
$$4C + 2NO_2 \longrightarrow 4CO + N_2$$

当尾气中存在 $O_2$ 时，$O_2$ 与碳反应生成 CO，CO 也能还原 $NO_x$：

$$2C + O_2 \longrightarrow 2CO$$
$$2CO + 2NO \longrightarrow N_2 + 2CO_2$$
$$2CO + 2NO_2 \longrightarrow N_2 + 2CO_2 + O_2$$

动力学研究表明，$O_2$ 与碳的反应先于 NO 与碳的反应，故烟气中 $O_2$ 的存在使碳耗量增大。不少人希望能控制 $O_2$ 与碳的反应，或用催化剂改变 NO 和 $O_2$ 与碳的反应活性顺序，至今没有取得令人满意的结果。

### 5.1.3.4 微生物法

微生物净化 $NO_x$ 是适合的脱氮菌在有外加碳源的情况下，利用 $NO_x$ 作为氮源，将 $NO_x$ 还原成无害的 $N_2$，而脱氮菌本身获得生长繁殖。其中 $NO_x$ 先溶于水中形成 $NO_3^-$ 及 $NO_2^-$，再被生物还原为 $N_2$，而 NO 则是被吸附在微生物表面后直接被生物还原为 $N_2$。

另有少数专性和兼性自养菌也能还原氮氧化物。例如，硫杆菌属中的脱氮硫杆菌利用无机基质（如 $H_2$ 等）作为氢供体，能在厌氧条件下，利用 $NO_x$ 作为氢受体使处于还原价位的含硫化合物氧化。

各种脱氮菌的最初培养一般都是用含硝酸盐、有机碳基质的培养基在厌氧或缺氧，并保证合适的温度和酸碱度的条件下培养 3 周至 1 个月，然后用于下一步的挂膜或用 $NO_x$ 进行驯化。此外，烟气脱硝新技术还有微波脱硝法、液膜法、脉冲电晕法、电子束法、SNCR-SCR 联合工艺等。

## 5.2 煤层气的开发利用技术

煤层气是一种在煤化作用过程中形成的、赋存在煤层和邻近岩层中、以甲烷为主的混合气体，在煤矿俗称瓦斯。我国是煤层气资源大国，煤层气资源量达 25 万亿 ~ 50 万亿 $m^3$。其中含量大于 $4m^3/t$，埋深 2000m 以浅的资源量有 11.34 万亿 $m^3$，居世界第二位，为煤层气的开发利用奠定了雄厚的资源基础。

### 5.2.1　煤层气的开采

煤层气开采是将煤层或邻近岩层空隙中的甲烷气体采出的技术。煤层气开采主要包括钻井工程、完井工程、采气工程等几个主要方面和相关的辅助技术与设备。

#### 5.2.1.1　煤层气开采的井下钻孔方法

大多数井下煤层气开采，主要采用在开采煤层中钻孔的技术，如图5-7所示。煤层钻孔抽放技术是由钻孔贯穿煤层，可以最大限度地将煤层天然裂缝、空隙系统沟通。长距离水平钻进技术是提高煤层气采收率的关键。这项技术在欧洲的一些煤矿得到广泛使用，在我国的一些矿井中也有应用。

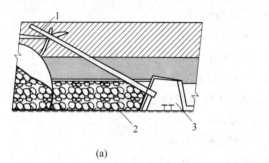 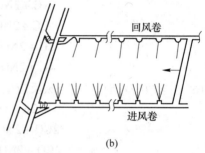

(a)　　　　　　　　　　　　　　　　(b)

图 5-7　煤层开采的井下钻孔方法

（a）向采空区上方打钻抽放煤层气；（b）淮南谢二矿井下顺煤层平行钻进布置预抽放钻孔

1—抽放钻孔；2—采空矸石带；3—回风巷道

#### 5.2.1.2　煤层气开采的地面钻孔方法

（1）采空区地面垂直钻孔。采空区地面钻孔是指采煤前，在采煤工作面范围内的地面钻3~4个垂直钻孔。当煤层采空顶板冒落后，只要在井口配以真空泵就能抽出煤层气。典型采空区钻孔示例如图5-8所示。

鉴于我国当前尚未发现高渗透率、大范围煤层气及普遍采用长壁开采的实际情况，采空区钻孔煤层气开采技术必将得到较大发展。

（2）采前预开采煤层气地面垂直钻孔。通常是在采煤前几年，或在将来也不准备采煤而专门用于开发煤层气的地区，利用油气钻井和完井技术进行开采煤层气。这项技术的成败取决于四个因素：煤层渗透率、煤层气含量、储层压力和煤的等温吸附特征。

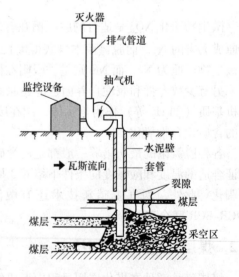

图 5-8　煤矿采空区煤层气开采钻孔示意

利用此方法要达到规模产量，只能通过多个钻孔，形成大规模井网来实现。对于大规模的井网，储层处于拟稳态流动，全区压力降低，产生大量的解吸气。此方法是目前广泛使用的方法。地面设备包括水气分离器和气水计量设备。由于要维持较低的井口压力，地面管线直径应大些。气体不论是用于化工、民用，还是管道长距离输送，都必须有压缩设备，对气体进行压缩、加压。

### 5.2.1.3　定向钻井技术在煤层气开采中的应用

定向钻井技术是采用特殊受控钻具，钻进方向由人为控制，可垂直、倾斜、水平等任意调节。这项技术受地面地理、地形和地下地质构造的影响较小，且能降低成本，已广泛应用于常规石油天然气工业、煤矿井下沿煤层水平定向钻探等，在煤层气开采中也将得到广泛应用。利用定向钻井技术进行长距离水平井钻进还具有提高产量和采收率的优越性。

### 5.2.1.4　煤层气强化开采

煤层气以物理吸附形式保留在煤的微空隙表面。通常煤层气是相对纯的甲烷，但在某些情况下，二氧化碳、氮气和其他轻烃也可能存在。物理吸附可以通过降低吸附气体的分压而逆转。

煤层气强化开采原理是通过氮气稀释甲烷浓度，降低甲烷分压。氮气吸附在煤基质，避免流动甲烷的重新吸附。这项技术可利用现有的煤层气生产井网，将部分生产井转为氮气注入井。四点式常规生产井网转化为强化开采的例子如图 5-9 所示。

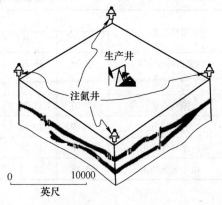

图 5-9　煤层气强化开采示意

## 5.2.2　煤层气的用途

煤层气可以用作民用燃料、工业燃料、发电燃料、汽车燃料和重要的化工原料，用途非常广泛。每标方煤层气大约相当于 9.5 度电、$3m^3$ 水煤气、1L 柴油、接近 0.8kg 液化石油气、2L 汽油。另外，煤层气燃烧后几乎没有污染物，是一种新型能源和洁净能源，其储量丰富，发热量高，可作为常规天然气最现实可靠的补充或替代能源。

据中国工程院编制的《我国煤层气开发利用战略研究》显示，到 2030 年，我国煤层气产量有望达到 900 亿 $m^3$。从节能效果来看，900 亿 $m^3$ 煤层气产量与 1 个新的亿吨级原煤产量、1.5 个三峡水电站的年发电量和 1 个大庆油田的原油当量旗鼓相当。2012 年 7 月 16 日，陕西省首家煤层气开发利用有限公司挂牌，启动彬长煤田 2 亿 $m^3/a$ 的煤层气产能建设，并探索页岩气等开发技术。到 2015 年全国煤层气产量要达到 300 亿 $m^3$。据初步测算，实现这一目标需要投资约 1200 亿元，其中，已经进入煤层气开发的油气龙头和大型煤炭企业将从中受益。

## 5.3　煤矸石的综合利用技术

煤矸石是成煤过程中与煤共生的含碳量低的碳质、泥质、砂质等岩石。煤矸石堆存一定时间后由于受空气的氧化而很容易自燃而排放出大量有毒的气体（如二氧化硫、硫化氢、氮氧化合物、一氧化碳），同时也产生大量的二氧化碳等气体而污染环境，从而破坏矿区生态平衡，危害人及牲畜的健康。近年来世界各国对矸石利用十分重视，开辟了多种利用途径。

### 5.3.1　煤矸石的物理化学性质

煤矸石通常呈薄层夹在煤层中或是煤层顶、底板岩石，随煤炭开采时混入在煤中采出，是数量较大的矿山固体废物。煤矸石按主要矿物含量，分为黏土岩类、砂质岩类、碳酸盐类（石灰石）、铝质岩类。煤矸石的主要化学成分见表 5-1 。部分地区的煤矸石中含 Ge、Ga、U、Th 等半导体元素或放射性元素及其他稀有元素。

表 5-1　煤矸石的主要化学成分

| 采样地点 | 化学成分（质量分数）/% | | | | | | | |
|---|---|---|---|---|---|---|---|---|
| | $SiO_2$ | $Al_2O_3$ | $Fe_2O_3$ | $TiO_2$ | CaO | MgO | $K_2O$ | NaO |
| 内蒙古准格尔矿 | 43.25 | 38.32 | 0.20 | 0.50 | 0.00 | 0.43 | 0.24 | 0.29 |
| 大同塔山矿区 | 43.52 | 37.50 | 0.11 | 0.62 | 0.31 | 0.70 | 0.09 | 0.01 |
| 太原西山矿区 | 67.07 | 23.21 | 2.58 | 1.42 | 4.58 | 1.96 | | |
| 河南平顶山 | 53.89 | 20.88 | 2.55 | 0.58 | 1.53 | 0.14 | 1.20 | |
| 河北开滦唐山 | 48.35 | 20.26 | 0.29 | 0.54 | 0.21 | 0.19 | 1.49 | 0.19 |
| 山东淄博博山 | 63.88 | 22.17 | 3.11 | 0.06 | 0.82 | 0.26 | 3.24 | 2.49 |

### 5.3.2　煤矸石的综合利用

我国煤矸石综合利用从"以储为主"发展到"储用结合"，综合利用率由 1998 年的 41% 提高至 2013 年的 64% 。目前煤矸石综合利用途径除在建筑工程、生产建材产品、综合利用发电、土地复垦、筑路外，还扩展到井下充填、回收矿产品、制取化工产品等方面，涉及建材、建筑、冶金、农业等多个领域。

#### 5.3.2.1　从煤矸石中回收有用矿物

有些矸石中（煤巷掘进排矸和洗矸等）往往混入发热量较高的煤、煤矸连生体和碳质岩。有些有高铝矸石、石灰岩矸石；硫铁矿一般富集在洗矸中。矸石可采用适当的加工方法回收有用矿物，提高其品位，作为燃料或原料使用。加工后的矸石再作建材原料，改善了质量。因此，从矸石中回收有用矿物，是利用前的预处理作业。

（1）从矸石中回收煤炭。从矸石中回收煤炭的分选工艺各有特点。除重介-跳汰联合分选工艺外，较典型的工艺还有重介旋流器工艺、斜槽分选工艺及螺旋分选工艺等。

1）旋流器回收工艺。波兰和匈牙利联合经营的哈尔德克斯矸石利用公司，在波兰下西西里矿区建立了五个矸石处理厂。矸石处理首先是回收煤炭，再根据矸石特性加以利用。其流程是小于 40mm 的矸石进入直径为 500mm 的分选旋流器，以风化矸石作重介质，配成密度为 1.3g/cm³ 的悬浮液，其固液比为 1:4，入口压力为 0.1MPa。分选旋流器的溢流经脱介和分级、得到 20900kJ/kg 的块煤和末煤，底流经筛孔为 ϕ3mm 的双层共振筛脱介和分级，得到大于 15mm 的矸石制轻质骨料和 3～15mm 的矸石，发热量 2508～3344kJ/kg，作水砂充填料；小于 3mm 的物料，发热量 4108～5852kJ/kg，作陶瓷原料。

2）斜槽分选机工艺。采用斜槽分选机，从煤矸石或劣质煤中回收煤炭。斜槽分选机内设有上、下调节板，板上装有锯齿形横向隔板，用手轮调节下部矸石段和上部精煤段的横断面。入料由给料槽连续给入分选机中部，水流按定速在分选机底部引入。由于下降物料在水力作用下周期性地松散和密集，轻产物进入上升物料流由溢流口排出，重产品则逆水流移动到排矸口，实现按密度分选。

3）螺旋分选机工艺。美国除采用跳汰机、重介分选机、重介旋流器、水介质旋流器及摇床从矸石中回收煤炭以外，还采用螺旋分选机回收露天矿或矿井废弃矸石中的煤。

螺旋分选机主要用于处理小于 $3350\mu m$ 的细物料。原料和水混合后给入顶部给料箱，物料在重力和离心力作用下按密度分层。煤粒浮在上层，被水流带走，到底部排出；矸石沿螺旋槽底部排入卸料孔，汇集到矸石收集管排出。

（2）从矸石中回收硫铁矿等有用矿物。除了可从煤矸石中回收煤炭外，还可以从中回收硫铁矿、石英岩、石灰石等有用矿物。

### 5.3.2.2 煤矸石制砖

煤矸石具有一定的可塑性和烧结性，将其净化、均化和陈化等处理后，可以用来生产矸石砖。利用煤矸石来制备矸石砖可以充分利用其矿物成分和热量，制备的矸石砖具有免烧、免蒸、加压成型、自然养护等优点。我国生产矸石砖的种类主要有烧结实心砖、多孔砖、空心砖、内燃砖、免烧砖、釉面砖、高档瓷质砖等。利用煤矸石制备矸石砖节能节土，保护环境，同时生产又不受季节气候限制，可以常年运行，效益显著。现在我国利用煤矸石生产矸石砖已具有相当的规模。

利用煤矸石生产砖有两种不同的生产方式：烧结方式与非烧结方式。相应的产品分别称为烧结砖与免烧砖（或非烧结砖）。

煤矸石制砖的工艺过程和制黏土砖基本相同，主要包括原料制备、成型、干燥和焙烧等工艺过程。多数煤矸石制砖采用的是软塑成型工艺。图5-10所示为某厂制砖的过程。

### 5.3.2.3 煤矸石在水泥工业中的应用

煤矸石中 $SiO_2$、$Al_2O_3$、$Fe_2O_3$ 的含量较高，总含量在80%以上，是一种天然黏土质原料，可以代替黏土配料，作水泥硅、铝质组分的主要来源生产水泥。利用煤矸石可生产煤矸石普通硅酸盐水泥、煤矸石火山灰水泥、煤矸石无熟料水泥。

（1）普通硅酸盐水泥。生产煤矸石普通硅酸盐水泥主要原料是石灰石、煤矸石、铁粉、混合煤和石膏。这种水泥是先把石灰石、煤矸石、铁粉混合磨成生料，与煤混拌均匀加水制成生料球，在1400~1450℃的温度下得到以硅酸三钙为主要成分的熟料，然后将烧成的熟料与石膏一起磨细制成普通硅酸盐水泥。

（2）火山灰质硅酸盐水泥。火山灰质硅酸盐水泥的主要原料是水泥熟料、自燃煤矸石或煤矸石渣、石膏。这种水泥是以活性 $SiO_2$ 和活性 $Al_2O_3$ 较高的自燃煤矸石或煤矸石渣代替火山灰质材料与石膏共同磨粉制成。

（3）煤矸石无熟料水泥。煤矸石无熟料水泥是以自燃煤矸石或经过800℃煅烧的煤矸石为主要原料，与石灰、石膏、共同混合磨细制成的，有时也可以加入少量的硅酸盐水泥熟料或高炉渣。

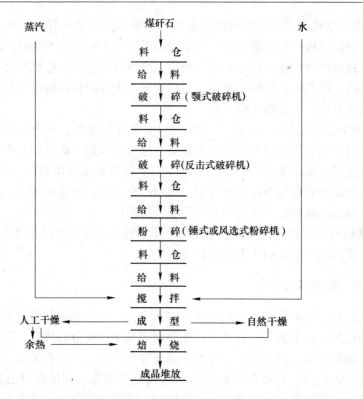

图 5-10　煤矸石制砖工艺流程

我国利用煤矸石生产水泥的发展速度非常快，生产的水泥品种有普通硅酸盐水泥、火山灰质硅酸盐水泥、煤矸石无熟料水泥、煤矸石少熟料水泥、煤矸石速凝早强水泥等，标号有 225、325、425 号，并已广泛应用于工业与民用建筑。

#### 5.3.2.4　煤矸石混凝土小型空心砌块

以经过破碎、分级的自然或人工煅烧煤矸石为骨料，水泥为胶结材料，加水搅拌均匀后，经振动成型、自然养护而制成的空心块体，简称煤矸石小型空心砌块。

砌块的主要工艺环节包括胶结料和骨料的制备、搅拌和成型、养护和堆放。

#### 5.3.2.5　煤矸石加气混凝土

加气混凝土是一种新兴的轻质墙体和屋面建筑材料，它具有重量轻、强度高、保温、隔热、吸声等优点，而且对于各种建筑体系的施工方法具有广泛的适应性和显著的经济效益，因此加气混凝土在国内外的发展和应用日益扩大。

加气混凝土是以硅铝质材料（如自燃煤矸石、粉煤灰、沸腾炉渣等）、钙质材料（水泥、石灰）及石膏为原料，经计量配比后，加水研磨、搅拌成糊状物，再加发泡剂（铝粉），贯入坯模，待坯体硬化后切割加工成型，然后再用饱和蒸汽蒸养而成的砌块或板材。

#### 5.3.2.6　煤矸石在其他方面的利用

（1）制取硅钛氧化铝与铝硅系合金。利用煤矸石中的 Al、Si 和 Ti 直接生产硅钛氧化铝，进而电解出硅铝钛合金，不仅实现了煤矸石的综合利用，而且缩短了工艺流程，降低了合金生产成本。此外，煤矸石中往往还含有镓、钒等稀有元素，这样电解出的合金比传统工艺生产的铝硅钛合金具有较好的变型加工性能，可部分代替变型合金。因此，把煤矸石的综合利用与冶金工业结合起来，变工业废物为资源，将为生产铝硅钛合金开辟一条很有生命力的崭新道路。

（2）生产岩棉。用天然岩石为原料生产的矿物棉，统称为岩棉。岩棉是一种由矿物熔融预制得到的玻璃状细纤维结构的绝热、吸声材料。岩棉及其制品具有质轻、导热系数小、耐高温、不燃、不腐蚀及良好的化学稳定性等优良特性。在工业装备、交通运输、房屋结构等方面使用这种材料，既可防止热量的散失，也能防止热量的吸收，从而大量节约热能并提高热效率。在建筑物上使用这种材料，能保持室内温度、减轻建筑物自重，并使建筑物的安全和隔音性能提高。因此岩棉是石油、化工、冶金、电力、机械制造及交通运输等众多行业必不可少的保温材料，也是建筑工业常用的一种建筑材料。

目前，以煤矸石为原料生产岩棉及其制品的技术比较成熟，以泥岩与砂质泥岩为主的煤巷矸石、手选矸石及洗选矸石，经简单选矿（如手选），选用炭质泥岩、泥岩与砂质泥岩，加入适量白云岩，即可生产出优质岩棉及其制品。

（3）合成碳化硅超细微粉。碳化硅是一种理想的高温结构材料，是共价键极强的化合物。其主要变体有 α-SiC 和 β-SiC。两者相比，β-SiC 合成温度低，易微细化，作为烧结体原料具较高活性，采用相同的工艺条件制备的烧结体的强度也较高，而且在耐化学腐蚀、热传导与抗热振等性能方面都与 α-SiC 基本相同。随着应用量日益增加，材料工作者们正在探索工业化生产合成 β-SiC 的经济有效的新方法，并寻找新的资源丰富的廉价原料。煤矸石是硅源与碳源的天然混合物，是合成 β-SiC 最优质的材料。

（4）直接利用。直接利用可分为地下和地面处理两类。地下处理主要是用于地下采空区作充填料。水力充填是将矸石回填到地下，为最常用的方法。一般充料是由经破碎的煤矸石（约 12mm）、砂、黏土或其他固体废渣组成。充料加大量的水搅拌成混浆，用泵输送到井下，然后把排出的水用泵抽出矿井，而使均匀紧密的填料留在矿井内，填料干燥后，充填于采空区。此外还可采用风力或机械充填方法。地面处理矸石范围很广，可以回填废矿井、露天矿废矿坑、塌陷区、沼泽地、填海、复地造田等。

（5）煤矸石作肥料。捷克曾试验把浮选尾矿和氮、磷、钾的化工残渣混合物搅成胶状，然后成球、烘干、磨细制造成"磷肥"，试验证明对玉米等农作物具有很高的肥效。英国试验的播种冬小麦前用浮选尾矿肥料施肥，增产 7%~10%。美国曾在西红柿周围的土壤上盖一层洗矸，可提高产量 10%~15%，并使成熟期提前。前苏联用浮选尾矿对不同农作物的肥效作了试验，证明矸石作肥料的作用在于土壤的微生物群落提高了有机物和氮、磷化合物的活性，并提供了 B、Zn、Cu、Mn 等元素。用 1:1 的矸石与肥料混合、矸石和过磷酸钙或氯化铵混合作肥料，均可使收成提高 5%~15%。这种肥料对腐殖土和砂土特别有效。

## 5.4 粉煤灰和煤泥的综合利用技术

煤炭燃烧后剩余的残渣以及从烟气中搜捕下来的细灰称为粉煤灰，炉底排出的称炉渣。燃煤火力发电厂采用粉煤喷燃锅炉，排出的煤灰渣中粉煤灰占绝大部分。粉煤灰既是一种工业废渣，同时又是一种可利用的再生资源。

煤泥泛指煤粉含水形成的半固体物，是煤炭生产过程中的一种产品。根据品种的不同和形成机理的不同，其性质差别非常大，可利用性也有较大差别，其种类众多，用途广泛。

### 5.4.1　粉煤灰的综合利用

近年来我国的粉煤灰排放量逐年增加，2013 年的年排放量已经达到 5.8t。目前一些发达国家的粉煤灰利用率都超过了 80%，利用率最高的日本达到了 98% 以上，但我国的利用率仅为 70% 左右，远远低于发达国家，大量的粉煤灰资源被浪费。

目前我国粉煤灰的综合利用技术有近 200 项，其中得到实施应用的有近 70 项，概括起来可分为六大类：

（1）利用粉煤灰生产建材制品，主要用粉煤灰生产烧结砖、高级耐火材料、加气混凝土、陶粒、水泥原料和混合材料等；

（2）用粉煤灰作路基混合料和修筑路堤；

（3）用于建筑工程，主要是在砂浆和混凝土中作掺和料；

（4）用于回填；

（5）在农业方面用于改良土壤、复土造田和生产复合化肥等；

（6）从粉煤灰中提取高附加值产品，如选铁、选碳、回收漂珠和提取氧化铝等。

#### 5.4.1.1　建材制品方面的应用

此类用灰量约占粉煤灰利用总量的 35%，主要技术有粉煤灰水泥（掺量 30% 以上）、代黏土做水泥原料、普通水泥（掺量 30% 以下）、硅酸盐承重砌块和小型空心砌块、加气混凝土砌块及板、烧结陶粒、烧结砖、蒸压砖、蒸养砖、高强度双免浸泡砖、双免砖、钙硅板等。

（1）粉煤灰水泥。它主要有硅硫酸盐粉煤灰水泥和粉煤灰砌筑水泥。其中粉煤灰砌筑水泥又分为粉煤灰无熟料水泥、粉煤灰少熟料水泥、纯粉煤灰水泥和磨细双灰粉。粉煤灰水泥是用粉煤灰代替部分黏土生产水泥熟料或直接将活化处理过的磨细粉煤灰与水泥熟料掺和形成混合料。生产工艺如下：粉煤灰、石灰石、石膏、萤石等计量配合→磨粉→压制成型→烘干→煅烧→再与计量石膏配合→磨粉→贮仓→包装→成品。

（2）粉煤灰砖。用粉煤灰制砖的方式比较多，有粉煤灰烧结砖、粉煤灰免烧免蒸砖、粉煤灰蒸养砖、粉煤灰蒸压砖等。其中，以粉煤灰烧结砖和粉煤灰免烧免蒸砖两种方法使用较多。

1）粉煤灰烧结砖。以粉煤灰为主要原料，掺入黏土或页岩等黏结材料，经配制、成型、干燥和焙烧而成的实心砖和空洞率大于 15% 的空心砖，统称为烧结粉煤灰砖。它的性能与普通黏土砖相比，强度相同，而重量却减轻 20% 左右，导热系数小，物理性能得到改善。

2）粉煤灰免烧免蒸砖。粉煤灰免烧免蒸砖简称"双免砖"，它是在粉煤灰烧结砖、粉煤灰蒸养砖、粉煤灰蒸压砖之后发展起来的，大都以粉煤灰、石灰、水泥和各种添加剂经压力成型，自然养护而成。粉煤灰"双免砖"因其制作过程简单、掺灰量大、不烧结、不蒸养、不蒸压，因而发展较快。

（3）粉煤灰饰面砖。粉煤灰饰面砖是以粉煤灰为主要原料经加工烧制而成的新型建筑饰面材料。原料中粉煤灰含量为50%~60%，黏土35%~45%，并加入少量长石、玻璃粉以及改良性等辅助材料。生产工艺如下：原料处理→计量→混合→加水→湿碾→陈化→造粒→压制成型→干燥→焙烧→成品检验→入库。产品可根据不同场合的需要选择不同的颜色和大小形状。

（4）粉煤灰陶粒。粉煤灰陶粒是以粉煤灰为主要原料，掺加少量黏结剂（如黏土）和固体燃料（如煤粉）以及极少量附加剂，经混合成球、高温焙烧而制成的一种人造轻集料。其生产工艺一般包括原材料处理、配料及混合、生料球制备、焙烧、成品处理等过程。粉煤灰陶粒颗粒浑圆，表面粗糙，内部为多孔蜂窝状结构，这就是粉煤灰陶粒质轻、高强的原因所在，同时也决定了陶粒砌块具有密度小，隔音、保温性能好的特点。

（5）粉煤灰建材砌块。粉煤灰砌块是近年来有较大发展的墙体材料，其块型小、密度小、重量轻、砌筑方法基本与砖相同，便于推广使用。粉煤灰砌块根据配料及养护条件不同，可分为粉煤灰加气混凝土砌块、双免粉煤灰小型空心砌块、粉煤灰石灰小型空心砌块等。

### 5.4.1.2 建设和道路工程方面

建设工程方面用灰量占利用总量的10%，主要技术有粉煤灰用于大体积混凝土、泵送混凝土、高低标号混凝土、粉煤灰用于灌浆材料等。用于道路工程用灰量占利用总量的20%，主要技术有粉煤灰、石灰石砂稳定路面基层，粉煤灰沥青混凝土，粉煤灰用于护坡、护堤工程和修筑水库大坝等。

### 5.4.1.3 农业应用

该部分用灰量占利用总量的15%，主要技术有改良土壤、制作磁化肥、微生物复合肥、农药等。

### 5.4.1.4 作为填筑材料

填筑用灰量占利用总量的15%，主要有粉煤灰综合回填、矿井回填、小坝和码头等的填筑等。

### 5.4.1.5 从粉煤灰中提取矿物和高值利用

这部分用灰量约占利用总量的5%，如粉煤灰中提取微珠、碳、铁、铝、洗煤重介质、冶炼三元合金、高强轻质耐火砖和耐火泥浆，作为塑料、橡胶等的填充料，制作保温材料和涂料等。

## 5.4.2 煤泥的综合利用

随着煤炭开采产量和原煤入洗率的增加，煤泥的产量逐年增加。煤矿洗煤厂的洗选废弃物——煤泥，年产量达7000多万吨，不仅浪费了大量煤炭资源，而且也污染了环境，占用土地。煤泥的热值较高，及时、有效、经济地解决煤厂煤泥的回收和利用问题，对于保护环境、保障生产、节约能源、提高效益具有十分重要的现实意义。

随着我国工业科技的不断发展，剩余的煤泥得到了很好的二次利用。煤泥烘干机采取了将煤泥先破碎分散然后再热力干燥的新技术，使煤泥的处理实现了连续化、工业化和自动化。经烘干工艺处理后，煤泥的水分可从 25%~28% 降到 12% 左右。由于在煤泥烘干工艺中引入了预破碎、分散、打散、防粘壁工序，煤泥的干燥效率得到了大大的提高，也为煤泥烘干行业带了新活力。经干燥处理后的煤泥主要可用于以下几个方面：

(1) 作为原料加工煤泥型煤，供工业锅炉或居民生活使用；

(2) 作为电厂铸造行业的燃料，提高燃料利用率，降低生产成本提高经济收益；

(3) 作为砖厂添加剂，提高砖的硬度和抗压强度；

(4) 作为水泥厂添加料，改善水泥性能；

(5) 含有某些特定成分的煤泥可用作化工原料。

## 5.5　矿井水资源化利用技术

随着我国煤矿数量的逐年增加，其矿井水排放量也与日俱增。而把大量矿井水直接往外排放，既浪费了水资源，又会污染周围水体和环境，但经过处理后的矿井水即可作为矿区生活用水、洗煤厂及坑口电站用水和井下喷洒用水，这样既可省去购买自来水的大量费用，又可变废水为宝贵的水资源。这对北方缺水的矿区来说尤为重要。

### 5.5.1　我国矿井水资源概况

煤炭在我国一次能源构成中占 70% 左右，这种格局将在未来较长的时期内保持不变。据统计，我国煤矿平均吨煤排水量约 $2m^3$。矿井的排水量与地质、气候、开采方法等诸多因素密切相关，不同地区、不同煤矿的排水量常会有很大的差异。

全国 13 个大型煤炭基地中，除云贵基地、两淮基地、蒙东（东北）基地水资源相对丰富外，其余的 10 个基地都存在不同程度的缺水问题。提高矿井水利用水平，扩大利用规模，对缓解矿区水资源供需矛盾，满足生产、生活及生态用水具有十分重要的现实意义。

#### 5.5.1.1　我国各地区煤矿矿井水的资源概况

从总体上说，我国是水资源缺乏的国家，水资源分布严重不均，形势严峻。北方由东到西，由半干旱带到干旱带，雨量逐渐减少。华北、西北地区干旱少雨，水资源仅占全国总量的 20% 左右。而我国的大型煤矿主要集中在华北和西北地区，其煤炭资源占全国已探明储量的 80% 以上。这就形成了煤炭资源与水资源的错位，即煤炭资源丰富的地区，水资源短缺。

华北地区的一些主要生产矿区的含水层有较发育的径流条件，有丰富的补给水源，地下水十分丰富，吨煤排水量平均约为 $3.8m^3$。有的煤矿每生产 1t 煤排水量高达几十立方米。这些矿井水主要来自奥陶纪灰岩水、煤系砂岩裂隙水、老窿水、喀斯特溶洞水、第四纪冲积层水等。这类矿井涌水量大且水质较好，一般经消毒处理后，可作为生活用水。

东北矿区一般矿井吨煤排水量在 $2 \sim 3m^3$ 之间，主要来自第四纪冲积层水和二叠纪砂岩裂隙水；西北的甘肃、新疆、宁夏、青海、陕西中部和内蒙古西部等地区地势高，气候干燥，地下水没有足够的大气降水和地表水补给，矿区的矿井排水量普遍偏少，吨煤排水量大部分低于 $1.6m^3$，有的矿井仅 $0.1m^3$。

南方矿区由于当地地理条件、气候环境的影响，矿井排水量较大，平均吨煤排水量在 $10m^3$ 左右。此外，矿井水量还随水文地质条件、开采范围和开采深度的变化而变化。在溶洞发育且有丰富补给水源的奥陶纪灰岩底层及含水量大的第四纪冲积层，矿井水特别丰富。

### 5.5.1.2 我国矿井水的水质

煤矿矿井水水质主要可以分为五类，即洁净矿井水、含悬浮物矿井水、高矿化度矿井水、酸性矿井水和特殊污染型矿井水。矿井水的水质较复杂，主要与地质、气候、地理、开采方法等因素有关。矿井水在未受污染前，和一般地下水一样，其自身的水质受矿区所在地的地质年代、地质构造、煤系伴生矿物成分及矿区的环境因素等影响，不同矿区的矿井水水质差异很大。矿井水在流经采煤工作面时，会带入大量的煤粉、煤岩粉粒等悬浮物杂质，使矿井水颜色成灰黑色；同时，工作面的煤层及其围岩中的硫铁矿在氧化作用下，生成硫酸和亚硫酸，使矿井水呈酸性，并含有铁和重金属离子等污染物；有些矿井水矿化度很高，还有些矿井水含有氟和放射性元素等污染物。此外，矿井水的水质还受到井下生产人员活动、饮食、排泄的影响，含有一定的微生物和少量的可溶性有机物。

多年来大范围的矿井水水质分析资料表明，煤矿矿井水极少有汞、铜、六价铬、砷、铅等有毒重金属超标现象，这为煤矿矿井水综合利用于生产、生活提供了有利条件。煤矿矿井水中主要污染物是悬浮物。这些悬浮物主要由煤粉、岩粉组成，多呈灰黑色，感观性较差。

## 5.5.2 煤矿矿井水处理技术

### 5.5.2.1 含悬浮物矿井水处理

根据现有的沉淀净化设施以及类似水质的矿井水处理运行经验，对含悬浮物矿井水原则上采用混凝、沉淀工艺进行一次处理达到井下防尘用水要求，再经预氧化、过滤、消毒工艺进行二次处理达到生活用水水质标准。工艺流程如图 5-11 所示。

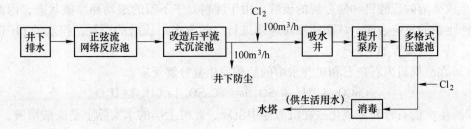

图 5-11 含悬浮物矿井水净化工艺流程

### 5.5.2.2 酸性矿井水处理

酸性矿井水处理有直接投加石灰法、石灰石中和法及升流式膨胀过滤中和法 3 种工艺。目前酸性矿井水几乎都是采用以石灰或石灰石作为中和剂的中和法处理。

（1）石灰中和法。石灰乳[Ca(OH)$_2$]是常用的中和剂，处理流程如图 5-12 所示。

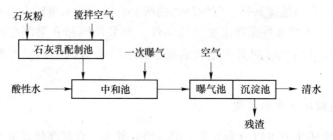

图 5-12　酸性矿井水净化工艺流程

1）消化。生石灰（CaO）加水配制成 5%～10% 的石灰乳，经筛网滤去残渣。

2）一次曝气。通入空气可以起到搅拌的作用，同时将水中部分 $Fe^{2+}$ 氧化成 $Fe^{3+}$。

3）中和与复分解。将石灰乳加入酸性矿井水中，搅拌使其中和，pH 值可达 7.5～8.5。反应式为：

$$Ca(OH)_2 + H_2SO_4 === CaSO_4 \downarrow + 2H_2O$$

同时，$Fe^{2+}$、$Fe^{3+}$ 和石灰乳发生复分解反应：

$$Fe^{2+} + SO_4^{2-} + Ca(OH)_2 === Fe(OH)_2 + CaSO_4 \downarrow$$

$$2Fe^{3+} + 3SO_4^{2-} + 3Ca(OH)_2 === 2Fe(OH)_3 \downarrow + 3CaSO_4 \downarrow$$

石灰乳的颗粒越细，悬浮性越好，反应就越快，生成的沉渣越少。

4）二次曝气。残留的 $Fe^{2+}$ 继续被氧化，同时氢氧化亚铁被氧化成氢氧化铁：

$$4Fe(OH)_2 + O_2 + 2H_2O === 4Fe(OH)_3 \downarrow$$

5）沉淀。水中的石膏、氢氧化铁在沉淀池中沉降。

此法对酸性水的水量和水质不加限制，易处理酸性较强且涌水量较大的矿井水；石灰又是一种凝聚剂，能使水中的微粒和胶体凝聚沉降而去除。但其投资与水处理费用较高，劳动条件也较差，出水 pH 值不够稳定；石灰乳处理生成较稀的絮凝沉淀污泥，体积较大，不易处理。

（2）石灰石中和滚筒过滤法。此法采用石灰石中和剂与水中的硫酸在滚筒中产生反应，生成微溶的硫酸钙和易分解的碳酸，由于滤料处于不断的滚动和摩擦状态，因此滤料不断产生新的反应表面，从而使反应连续进行，随着水中硫酸的消耗，排水的 pH 值随着升高。其工艺流程如下：

1）在滚筒机内石灰石和矿井水中的硫酸发生复分解反应。

$$CaCO_3 + 2H^+ + SO_4^{2-} === CaSO_4 \downarrow + CO_2 \uparrow + H_2O$$

2）生成的石膏和氢氧化铁在沉渣池中沉降，此时上层的水实际上是碳酸溶液，pH 值为 5.0～5.7。

3）酸性水在曝气池曝气，以促使 $CO_2$ 气体从水中逸出，进一步降低其酸度，升高 pH 值。同时水中的 $Fe^{2+}$ 被氧化成 $Fe^{3+}$，后者再水解而生成 $Fe(OH)_3$ 沉淀去除。

4）石膏和氢氧化铁在沉淀池中再次沉降，外排水的 pH 值可达 6.0～6.8。

石灰石比石灰经济，生成浓稠的污泥便于处理，可除去水中的酸和 $Fe^{3+}$。但是该法只能使排水的 pH 值升高到 6.5 左右，而且去除 $Fe^{2+}$ 很少，由于设备复杂、要求防腐措施、噪声大、工作环境条件差、二次污染严重等缺点，使其应用受到限制。

（3）升流式变滤速膨胀中和塔法。该法的化学原理与直接投加石灰法相同，其工艺是将作为滤料的细小石灰石或白云石颗粒装入圆锥形的中和过滤塔中，当酸性水从滤塔底部自下而上通过时，水流使滤料浮起、膨胀，在水流的作用下，滤塔中的颗粒将会处于互相摩擦运动的状态，在中和的过程中滤料很快地被消耗掉，产生硫酸钙被水及时带走，这就保证了中和剂反应表面免于结垢，中和反应沿着水流方向连续不断地进行。工艺流程如图 5-13 所示。当水流通过滤料时，水流下快上慢，中和反应得以充分进行。为了提高 $Fe^{2+}$ 去除效果，在塔底部设了一个充气装置，在中和过程的同时补充溶解氧。中和塔出水中含有 $CO_2$ 气体，在曝气塔中经曝气装置吹脱后 pH 值升高，$Fe^{2+}$ 氧化成 $Fe^{3+}$ 而被除掉。

图 5-13　升流式变滤速膨胀中和塔法工艺流程

### 5.5.2.3　煤矿高矿化度矿井水处理

高矿化度矿井水是指无机盐总含量大于 1000mg/L 的矿井水。在我国缺水的西北及北方矿区往往排出高矿化度矿井水，陕、甘、宁、新、蒙、晋及两淮、徐州、抚顺、阜新等地煤矿矿井水的矿化度大多在 4000～15000mg/L。目前处理高矿化度矿井水的方法大致有以下几种。

（1）用蒸馏法处理矿井水。蒸馏法淡化高矿化度矿井苦咸水的工艺流程有两种方式：

1）以煤矸石作为沸腾炉燃料生产蒸汽来淡化苦咸水，将达到沸腾炉燃烧要求的煤矸石等燃料送入锅炉产生蒸汽，由蒸汽加热待脱盐的矿井水，经多级高效闪蒸装置获得淡水。这些淡水小部分用来补足锅炉用水，大部分与一定量的原水混合后成为符合国家标准的生活饮用水。

2）以热电厂废热为能源的电-淡水联产工艺是以煤矸石作为沸腾炉燃料，生产蒸汽用于发电，采用背压发电机组，产生的余热用来加热苦咸水获得淡水，产水成本较低。

（2）用电渗析法处理矿井水。十几年来，我国有许多煤矿应用电渗析设备淡化含盐矿井水，以解决矿区生活饮用水和有关工业用水问题。大多数煤矿常规淡化工程的工艺流程如图 5-14 所示。

　可以看出电渗析淡化工程工艺设计中，没有充分考虑矿井水的特征。由于处理时全部利用清水，且用后直接排放，造成水资源浪费很大，水回收率普遍只有 45% 左右。淡化工程中没有设计防垢技术措施，导致电渗析的电极、离子交换膜严重结垢，堵塞膜道，压力上升，电流效率下降，脱盐率降低，设备解体清洗频繁，操作恶化，淡化成本大幅度上升，从而使不少工程不能正常运行，如龙口矿务局北皂煤矿、灵武矿务局新煤矿等，经济损失严重。此外，由于电渗析法不能去除水中的有机物和细菌，使其在苦咸水淡化工程中的应用受到局限，因而原有电渗析装置在苦咸水淡化方面逐渐被反渗透装置所取代。

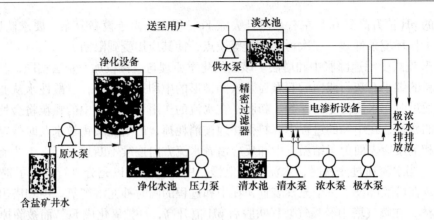

图 5-14　常规淡化工程的工艺流程

（3）反渗透（RO）法处理矿井水。反渗透就是利用高分子膜，以超过溶液渗透压的压力将溶剂和溶质加以分离的过程。分离介质为高分子膜，全过程无相变，不发生化学变化。对水溶液来说，在压力推动下，只有水分子透过膜，而水中的各种离子、有机物、微生物、细菌、胶体等几乎被截留。各种离子被截留的效果反映出反渗透膜的分离特性，即脱盐率的大小。在反渗透系统的操作过程中，处理出水只占进水量的一定比例，其余部分由于含有截留浓缩的盐分而被排放或部分利用，这种比例即是系统回收率的体现。回收率越高，表明原水再利用率高，系统的经济性能高；同时，高回收率必然使溶液的含盐量上升，造成溶液的渗透压增大，导致易结晶物质析出的可能性增大，或增大预处理的成本。因此，成功地使反渗透系统在经济合理的操作条件下运行，是反渗透系统设计的首要目标。

自 20 世纪 80 年代以来，经过大规模生产的反渗透技术由于独特的分离机理、高效、节能、使用管理方便，成了各类除盐水应用场合的主流。海水淡化、苦咸水淡化、工业纯水、高纯水以及民用纯水的生产是目前反渗透技术的主要应用领域，在科研和部分小规模生产装置中，反渗透技术以无可替代的优势被应用于一些污水处理系统中。

## 习　题

5-1　名词解释

烟气净化技术，煤层气，煤矸石，粉煤灰，煤泥

5-2　简答题

（1）烟气脱硫主要有哪几种方法？

（2）烟气脱硝技术主要有哪些方法？

（3）简述煤层气开采技术。

（4）简述煤矸石的应用。

（5）目前处理高矿化度矿井水的方法有几种，各有何特点？

5-3　技能操作

（1）绘制含悬浮物矿井水净化工艺流程。

（2）绘制酸性矿井水净化工艺流程。

# 6 煤的非燃料利用技术

## 6.1 煤制活性炭技术

活性炭是一种由含炭材料制成的、外观呈黑色、内部孔隙结构发达、比表面积大、吸附能力强的一类微晶质碳素材料。其主成分除了碳元素以外还有氧、氮、氢等元素及灰分。活性炭可广泛应用于化工、环保、食品加工和军事化学防护等领域。

### 6.1.1 煤制活性炭的分类与结构

#### 6.1.1.1 分类

在自然界中几乎可以是所有富含碳的有机材料都可以作为活性炭的原材料，如煤、木材、坚果类的外壳等。这些含碳原材料在活化炉中在高温和一定压力下，通过热解作用就被转换成活性炭。活性炭可以从不同的角度进行分类。

（1）按形状分为：粉状活性炭、颗粒活性炭、不定形颗粒活性炭、圆柱形活性炭、球形活性炭、纤维状活性炭、蜂巢状活性炭（或称蜂窝状活性炭）。

（2）按原料来源分：木质活性炭、煤质活性炭、果壳（果核）活性炭、兽骨、矿物质原料活性炭、再生活性炭。

（3）按制造方法分：化学法活性炭（化学药品活化法炭）、物理法活性炭（气体活化法炭）、强碱活化法活性炭、水蒸气活化法活性炭、化学-物理法或物理-化学法活性炭。

（4）按用途分为：气相吸附活性炭、液相吸附活性炭、催化剂载体活性炭。

#### 6.1.1.2 结构

在自然界中，以游离状态存在的碳有三种同素异形体，即金刚石（等轴晶系结晶）、石墨（六方晶系结晶）和无定形碳。活性炭具有自己独特的微晶结构、孔隙结构和化学结构。一般说来，通过液相炭化生成的活性炭，由于在热分解过程中存在中间相，最终生成多为镶嵌型的微晶结构。假如热分解时不形成液相产物，完全是在固相状态下炭化，所生成的活性炭绝大部分是结构不规则的无定形碳，而不出现石墨结构。

A　活性炭的微晶结构

活性炭中含有石墨微晶，具有类似于石墨的二向结构，基本微晶由 3~4 个平行的石墨状体组成，且微晶结构也是呈六角形排列，如图 6-1（a）所示。活性炭的基本微晶平行片层间存在无序平移，平行的网平面对于它们共同的垂直轴并不是完全定

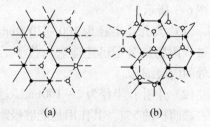

图 6-1　微晶结构
（a）石墨结晶；（b）乱层结构

向的，一层对另一层的角位移是紊乱的，各网平面是不规则的互相重叠，在层面垂直的方向上不相重合。基本微晶的大小随活化（或炭化）温度的升高而增大。一般把这种排列称为乱层结构，如图6-1（b）所示。

B　活性炭的孔隙结构

活性炭的孔隙绝大部分是在活化过程中形成的，活化过程使无定形碳的基本微晶之间各种含碳化合物被清除，有时也可使基本微晶的石墨层中部分碳被除去，因此而产生不同孔隙。高分辨率透射电子显微镜的研究表明，活性炭内的微孔是活性炭微晶结构中弯曲和变形的芳环层或带之间的分子尺寸大小的间隙。活性炭内部孔的形状多种多样，有些孔隙具有缩小的入口，称为墨水瓶状，有一些是两端敞开的毛细管孔或一端封闭的毛细管孔，还有一些是两平面之间或多或少呈规则状的狭缝状、V形孔、锥形孔和其他形状的孔等，如图6-2所示。

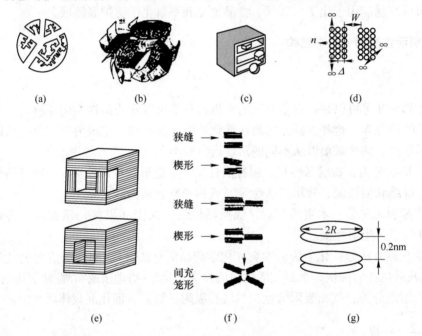

图 6-2　活性炭中孔隙结构模型

（a）径向分布的圆孔形分布孔；（b）褶皱纸形；（c），（d）楔形孔；
（e）立方形楔形孔；（f），（g）晶片聚集方式

经研究发现，活性炭的孔隙大小从不到 1nm 直至 10000nm 以上，可分为大孔、中孔、微孔，如图6-3所示。

（1）大孔：半径为 100～2000nm，主要是能使被吸附物的分子迅速地进入位于活性炭粒子更深处的内层细孔。

（2）中孔：半径为 2～100nm，过渡孔的表面积占总面积的5%。其作用是能够吸附蒸汽，并能为吸附物提供进入微孔的通道，又能直接吸附较大的分子。

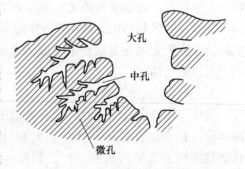

图6-3　活性炭的孔隙结构模型

（3）微孔：半径在 2nm 以下。微孔的表面积占总面积的 95%，能提供很大的比表面积给活性炭吸附杂质。

### 6.1.2 煤制活性炭的制备方法及工艺

活性炭制备方法主要有物理活化法、化学活化法、化学-物理活化法、催化活化法、界面活化法、模板合成法、聚合物炭化法、凝胶炭化法、微波加热等方法，其中物理活化法、化学活化法常用于煤基活性炭的制备。

#### 6.1.2.1 物理活化法

**A 物理活化法的原理**

物理活化法是先将原料炭化，再利用水蒸气、二氧化碳或空气或其混合气体作为活化剂使炭化料进行部分气化或氧化反应形成众多微孔结构的过程，也称之气体活化法。

**B 物理活化法的工艺**

柱状活性炭、压块活性炭或粉状活性炭等不同种类的活性炭其制备关键技术工艺均包括炭化和活化工序。煤基柱状活性炭的制备工艺如图 6-4 所示。原料煤入厂后，粉碎到 $-80\mu m$ 或 $-75\mu m$，然后配入适量黏结剂（如煤焦油、纸浆废液、淀粉溶液、木质磺酸钠溶液等）混合均匀，经模具挤压成炭条，炭条经陈化、炭化、活化、后处理（主要有酸洗、碱洗或高温氧化、浸渍、涂层等）等步骤，最后经筛分、包装制成活性炭。物理活化法工艺技术成熟，目前工业上主要采用该工艺生产活性炭。

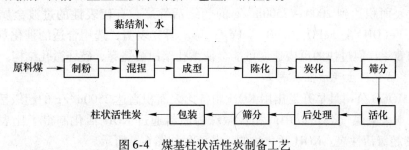

图 6-4 煤基柱状活性炭制备工艺

#### 6.1.2.2 化学活化法

化学活化法是将原料与化学活化剂（KOH、$ZnCl_2$ 和 $H_3PO_4$ 等）按一定比例混合浸渍一段时间后，在惰性气体保护下同时进行炭化和活化的一种制备方式。以 KOH 制得的超级活性炭性能最为优异。

**A 化学活化法的机理**

化学活化法的机理至今还有争论，一般认为化学试剂可以抑制原料热解时焦油的生成，从而防止或减少焦油堵塞细孔，同时也抑制了含碳挥发物的形成，提高了活性炭收率。此外氢氧化钾等活化剂对碳也有刻蚀作用等。这些作用都使活性炭孔隙更加发达、丰富，表现出较优良的性能。

（1）$ZnCl_2$ 和 $H_3PO_4$ 活化法。$ZnCl_2$ 和 $H_3PO_4$ 活化法是比较成熟的制备工艺，其活化作用体现在两个方面：一是促进热解反应过程，形成基于乱层石墨结构的初始孔隙；二是填充孔隙，避免焦油形成，清洗除去活化剂后留下发达的孔结构。控制活化剂用量及升温制度，可控制活性炭的孔结构。但 $ZnCl_2$ 活化法污染严重，$H_3PO_4$ 活化法需高温不易生产，且产品孔径偏小，因此研究热点已转向探索在传统工艺基础上与新型催化剂相结合的活化方法。

（2）KOH 活化法。KOH 活化法是目前世界上制备高性能活性炭或超级活性炭的主要方法。KOH 活化法机理非常复杂，国内外尚无定论，但普遍认为 KOH 至少有两个作用：一是碱与原料煤中的硅铝化合物（如高岭石、石英等）发生碱熔反应生成可溶性的 $K_2SiO_4$ 或 $KAlO_2$，它们在后处理中被洗去，留下低灰分的碳骨架；二是焙烧过程中活化并刻蚀煤中的碳，形成活性炭特有的多孔结构，主要反应为：

$$4KOH + C \longrightarrow K_2CO_3 + K_2O + 2H_2 \uparrow$$

同时考虑到 KOH、$K_2CO_3$ 的高温分解及碳的还原性，推测伴有如下反应：

$$2KOH \longrightarrow K_2O + H_2O \uparrow$$

$$K_2CO_3 \longrightarrow K_2O + CO_2 \uparrow$$

由上述反应可知，活化过程中，一方面通过 KOH 与碳反应生成 $K_2CO_3$ 而发展孔隙，另一方面 $K_2CO_3$ 分解产生的 $K_2O$ 和 $CO_2$ 也能够帮助发展微孔，促进孔结构的发展。

（3）化学-催化耦合活化法。化学-催化耦合活化法是在活性炭原料中加入一定数量的化学药品（即添加剂），然后加工成型，再经过炭化和催化部分活化，制造出具有特殊性能的优质活性炭。常用的添加剂有硫酸亚铁、氢氧化钠、氧化亚铜、碳酸钠等。用此方法生产的活性炭不仅具有各种活化方法所特有的孔径分布，而且活性炭的表面结构也发生了变化，成为具有特殊性能的活性炭。日本专利采用第Ⅷ族金属元素做催化剂，不仅减少了反应时间，而且获得比表面积达到 $2000 \sim 2500m^2/g$ 的超级活性炭。有代表性的过渡金属化合物有 $Fe(NO_3)_3$、$Fe(OH)_3$、$FePO_4$、$FeBr_3$、$Fe_2O_3$ 等。研究表明，选用合适的催化剂可以达到事半功倍的效果，但过快的反应速度可能会使微孔壁面被烧穿，破坏微孔结构。

　　B　化学活化法生产活性炭的工艺

美国 AMOCO 公司最早开发出用 KOH 制备比表面积高达 $2500m^2/g$ 的超级活性炭的生产工艺。日本大阪煤气公司以中间相炭微珠为原料通过 KOH 活化制得了比表面积高达 $4000m^2/g$ 的超级活性炭。KOH 活化法的工艺流程如图 6-5 所示。

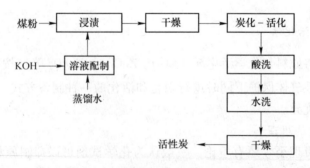

图 6-5　KOH 活化法制备煤基活性炭的工艺流程

### 6.1.3　活性炭的改性及其功能化

活性炭的吸附作用绝大部分是在微孔内进行的，吸附量受微孔数量的支配。对活性炭孔径调整的目的就是将活性炭的孔隙直径与吸附质分子尺寸调整到合适比例以获得最佳吸附效果。

　　活性炭常用的调孔方法有活化控制法、热收缩法、致孔剂法、炭沉积法以及微波加热、中子流辐射、低温等离子技术等新的辅助方法。Tsair-WangChung 等用中子流辐射干燥渗硼活性炭，中子流辐射而产生 α 粒子任意地轰击活性炭增加了对细微孔隙的破坏，提高了微孔区域，增加了活性炭比表面积和吸附容量。微波加热在活性炭制备和改性中也能产生较好的效果。活性炭经微波辐照后，表面变粗糙，呈凹凸形状，许多闭塞的孔被打开，并向里延伸，细孔周围附着物被去除，炭骨架发生收缩，不同孔径的孔都发生收缩，孔容下降，孔径分布向微孔方向偏移，这对吸附极有利。

　　表面氧化改性、还原改性、负载杂原子化合物等方法是活性炭表面改性的重要途径。活性炭表面氧化可使其表面含氧官能团的数量和种类增加。活性炭表面改性常用氧化剂有氧气、臭氧等气态氧化剂，硝酸、磷酸、过氧化氢等液体氧化剂等。硝酸氧化不仅可显著增加其表面含氧酸性基团的含量，而且还会引入氮原子。经氧化的活性炭在 200℃ 左右、通氨气条件下，可得到具有较强离子交换性能的碱性表面，在 800℃ 以上经氨气处理，可除去酸性基团，产生较多的碱性基团，获得较高的阴离子交换容量。

　　通过溶液浸渍或电镀法、蒸镀法、混炼法溅射等方法或通过溶液对原料前驱体进行浸渍，然后再炭化活化也可达到化学改性目的。活性炭纤维经 $FeSO_4$ 改性，比表面积减小，表面含氧官能团增加，微孔趋向圆形，对氨和苯蒸气的吸附能力大大增强。李国希等将活性炭纤维（AcF）和氟气反应后制备了氟化活性炭纤维（FACF）。FACF 对水吸附量极小，微孔表面具有完美的憎水性和高稳定性。

## 6.1.4　活性炭的再生

　　活性炭再生已成为活性炭生产和使用技术中的一个重要组成部分。活性炭使用一次后是丢弃还是经再生后循环利用已经成为反映一个国家活性炭工业水平的重要标志。

　　活性炭是价格较高的吸附剂。由于其吸附作用主要来自其发达的孔隙结构，因此使用一段时间后孔隙会逐渐被吸附质填充，吸附能力慢慢减弱直至消失，此时的活性炭称饱和炭。若将其舍弃，首先造成经济和资源的浪费，其次其吸附的某些物质会造成二次污染，因此，必须进行再生。尤其当活性炭用于气相吸附的连续操作时，必须经过吸附、脱附、干燥、冷却等不间断程序，脱附再生更不可少。

　　再生是吸附的逆过程，由于活性炭应用范围广，采用何种方法进行活性炭再生主要取决于活性炭的类型和吸附物质的性质，同时再生操作要保证活性炭微孔容积不能损失太多。饱和炭吸附的物质差别很大，故再生方法各不相同，见表6-1。

表6-1　活性炭再生方法分类

| 再　生　方　法 | | 处理温度/℃ | 再　生　介　质 |
|---|---|---|---|
| 加热再生 | 加热解吸 | 100~200 | 水蒸气、惰性气体 |
| | 焙烧活化再生 | 750~950 | 水蒸气、燃烧气体、二氧化碳 |
| 药剂再生 | 无机反应再生 | 常温~80 | 盐酸、氢氧化钠、氧化剂 |
| | 有机溶剂萃取 | 常温~80 | 有机溶剂（苯、丙酮、甲醇等） |

| 再　生　方　法 | 处理温度/℃ | 再　生　介　质 |
|---|---|---|
| 生物再生 | 常温 | 好氧细菌、厌氧细菌 |
| 液相氧化再生 | 180～220，加压 | 氧、空气、氧化剂 |
| 电解氧化 | 常温 | 氧 |

再生效果主要由吸附性能的恢复程度和活性炭的损失程度来衡量。一般再生一次，吸附性能恢复到90%～95%，炭损失为7%～8%，故理论上一般活性炭再生8～10次后必须全部更新。

对于煤质活性炭，工业上常采用加热再生、药剂再生或电解氧化再生等方法。近年来，电解氧化再生因时能耗大、炭损耗高，故已不常采用。

### 6.1.4.1　加热再生

根据吸附质热分解的难易，加热再生可分为低温脱附再生和高温加热再生。

（1）低温脱附再生。气相吸附炭，尤其是吸附有机溶剂炭常用此法。再生在吸附柱中直接进行，温度100～200℃。对于难脱附的饱和炭，常通以蒸汽或烟气，脱附后蒸汽可冷凝回收利用。

（2）高温加热再生。液相吸附用炭，尤其是水处理炭常用此法。再生温度一般在700～900℃，有时要通入水蒸气使饱和炭再次活化。

### 6.1.4.2　药剂再生

药剂再生是采用酸、碱等无机药品或苯、丙酮、甲醇等有机溶剂对饱和炭进行化学反应、置换或萃取，使吸附质脱附。它根据所用药剂不同可分为两类。

（1）无机药剂再生法。用无机酸或碱洗涤饱和炭使吸附质脱附。如水处理中吸附高浓度酚的饱和炭用 NaOH 处理，使酚以酚钠盐形式回收而使活性炭再生；又如对黄金饱和碳用 HCl 洗涤回收贵金属而使活性炭再生等。

（2）有机溶剂再生法。饱和炭经有机溶剂洗涤，使吸附质被萃取或置换出来，达到再生的目的。如液相吸附中吸附液体石油馏分或油脂工业中吸附废油的饱和炭可以用此类再生方法。

上述两种常用的再生方法中，药剂法及低温脱附再生均可在吸附柱上直接进行，不需要专门的再生装置。高温再生法由于常有蒸汽再活化过程，因此需有专门再生的设备。高温再生设备很多，其中以回转炉最为灵活和经济。

## 6.2　煤制其他炭基材料

### 6.2.1　针状焦

针状焦（见图6-6）是炭素材料中大力发展的一个优质品种，其是外观为银灰色、有金属光泽的多孔固体，具有明显流动纹理，孔大而少且略呈椭圆形，颗粒有较大的长宽比，有如纤维状或针状的纹理走向，摸之有润滑感，是生产超高功率电极、特种炭素材料、炭纤维及其复合材料等高端炭素制品的原料。根据生产原料的不同，针状焦可分为油系针状焦和煤系针状焦两种。以石油渣为原料生产的针状焦为油系针状焦；以煤焦油沥青及其馏分为原料生产的针状焦为煤系针状焦。

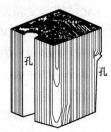

图 6-6 针状焦结构模型

### 6.2.1.1 生产工艺

（1）真空蒸馏法。1971 年美国首先提出用真空分离法从煤焦油沥青内分离出针状焦，并申请了美国专利。核心技术是通过真空蒸馏切取适合生产针状焦的原料。该工艺较简单，但针状焦的收率低。

（2）溶剂萃取法。1981 年 LCI 公司用溶剂处理方法除去沥青中的喹啉不溶物（QI）成分的方法申请了美国专利。即先用助聚剂液体使 QI 凝聚，然后凝聚体在重力沉降器内被分离。溶剂处理技术所得针状焦的收率高，质量好，但工艺较复杂，投资也较高。

（3）闪蒸-缩聚法。1985 年鞍山焦耐院、鞍山钢铁学院和石家庄焦化厂共同开发了闪蒸-缩聚工艺，并申请了中国专利。该法是将混合原料油送到特定的闪蒸塔内，在一定温度和真空下闪蒸出闪蒸油，闪蒸油进入缩聚釜进行聚合得到缩聚沥青。此工艺收率适中，工艺简单。目前，宝山钢铁股份公司化工分公司正在进行中试，且针状焦质量已与日本新日化和三菱的相当。

### 6.2.1.2 工艺流程

针状沥青焦的生产工艺流程如图 6-7 所示。

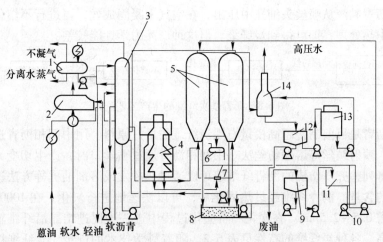

图 6-7 针状沥青焦的生产工艺流程

1—分离器；2—蒸汽发生器；3—馏分塔；4—管式加热炉；5—延迟焦化塔；
6—冷凝罐；7—三通阀；8—卸焦坑；9—澄清槽；10—喷射泵；
11—水槽；12—油水分离器；13—冷水塔；14—尾气净化器

将在二段蒸发器中截留有一部分二蒽油的软沥青，或 C-T 流程中的改质沥青送到馏分塔，使之与循环油混合后用泵抽送到管式炉，在管式炉中被加热到 380～495℃，经三通阀由底向上送到延迟焦化塔中的一个塔内。

焦化塔的蒸发和裂解物从塔顶出来，一并进入馏分塔，在馏分塔顶出焦油轻油，侧线出蒽油。比蒽油质量大的重质油作循环油与软沥青混合、被反复加热而焦化。蒽油在蒸汽发生器中换热冷却。为了保持热平衡，将其大部分返回馏分塔。塔顶馏出物冷却后分离为不凝气体、轻油和水。不凝气体作为燃料气供厂内使用，轻油和侧线产品一起混入煤焦油，进行再处理。

一般延迟焦化塔都有两个，以便切换。当沥青焦充满延迟焦化塔（一般需 24h）后，把热料切换入相邻的备用塔，通入 450℃的过热蒸汽把塔内的残油吹出，然后将焦油冷却。然后把塔的上下盖打开，用 14.7MPa 高压水分别从上面和下面冲入塔内，把焦块打碎冲出，放入塔底的焦坑内。然后封好上下盖，将邻塔出来的热煤气通入灼烧，进行干燥和预热，以便下次装料。

### 6.2.2　炭纤维

炭纤维是指纤维的化学组成中碳元素占总质量 90% 以上的纤维。炭纤维具有高强度、高弹性模量、低密度、低膨胀性、耐高温、耐腐蚀和导电性好等优异性能，主要用在航空、航天、军事、高级运动器械和建筑等领域。

目前生产炭纤维的原料有三种，即人造丝、聚丙烯腈和沥青。其中沥青基炭纤维具有原料丰富、价格便宜、纤维的产率高和加工工艺简单等优点，发展较快。

沥青基炭纤维的生产流程如图 6-8 所示。沥青先经过一系列加工处理后生成可纺性沥青，处理方法有热加工、溶剂抽提、加氢处理、树脂化、添加合成树脂或其他化合物等，这些方法各有其优缺点。可纺性沥青纺丝后生成沥青纤维。一般采用熔融纺丝法：用纺丝泵把熔融的沥青黏液从喷丝头细孔中压出，在空气中凝固成丝，再进行不熔化处理，最后在惰性气体中热处理，即可得到炭纤维。但这种产品力学性能较差。

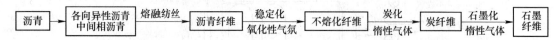

图 6-8　沥青基炭纤维的生产工艺流程

中间相沥青是目前制备超高模量石墨炭纤维的最好原料。用中间相沥青进行纺丝，可用离心纺丝、喷射纺丝等熔融纺丝法。中间相沥青通过喷丝口时，产生切变力，使中间相平片状分子排列整齐。纺成的沥青纤维还可以通过热挥发或溶剂抽提等方法进一步增加纤维内中间相的含量。沥青纤维经过热固化后，可以快速地进行炭化，在 1000～1200℃ 时，停留时间仅需 0.5～2.5min。在炭化和石墨化过程中进一步促进结晶沿纤维轴取向，故其力学性能很高。各种炭纤维的特性见表 6-2。随着科学技术的进步，炭纤维将得到更广的应用和更大的发展。

表 6-2　炭纤维的特性

| 类　型 | | 弹性模量/GPa | 抗拉强度/MPa |
| --- | --- | --- | --- |
| 通用型 | | 40～100 | 800～1100 |
| 中性能型 | | 150～200 | 1600 |
| 高性能型 | 高强型 | 186～245 | 2458～4500 |
| | 高模型 | 350～450 | 2000～2600 |
| | 超高模型 | 500～750 | 1900～2100 |

### 6.2.3　炭基耐火材料

在砌筑炼铁高炉、铁合金炉、电石炉和铝电解槽时需大量使用炭基耐火材料，这是因为炭素材料具有耐高温、抗渣、导电、导热和耐化学腐蚀等性能。它也可以用于化工的储罐、反应器等作防腐衬里。炭基耐火材料主要是各种炭块，以优质煅烧无烟煤、冶金焦、石墨和煤沥青等为原料，经配料、混捏、成型、焙烧而成。

（1）铝电解槽用炭块。在工业铝电解槽中，电解质是熔融的冰晶石-氧化铝。在熔融温度下，它的腐蚀性很强。在各种耐火材料中，只有炭素材料能够耐高温、耐腐蚀且价格低廉、导电性好。因此，工业上采用炭块砌筑铝电解槽的底部和侧部。炭块既是铝电解槽的阴极又是电解槽内衬，故又称为阴极炭块或电解槽内衬。

目前用来砌筑铝电解槽的炭块种类较多，主要有普通无烟煤基炭块（无烟煤煅烧温度为1250～1300℃，炭块焙烧到1200℃）、半石墨质炭块（无烟煤煅烧温度为1800℃，炭块焙烧到1200℃）和半石墨化炭块（将普通无烟煤基炭块焙烧到2000℃以上）等。

使用石墨化程度高的炭块，抗腐蚀能力强，电解槽的使用寿命长。同时，阴极炭块的石墨化程度越高，电阻率越小，电能消耗越小。但使用完全石墨化的阴极炭块也有问题。首先，完全石墨化的炭块硬度低，质地软，耐机械磨损能力差；其次，石墨化炭块表面还易与铝反应生成碳化铝，碳化铝层较厚时，会使阴极电压降增大；再次，完全石墨化炭块生产成本太高。

（2）高炉炭块。用炭块作高炉炉衬材料，具有耐高温、导热性和化学热稳定性高、高温强度高、耐磨损等特点。在普通高炉炼铁过程中，炼铁渣可以冷凝在下部炉衬上，保护耐火砖衬免受摩擦和侵蚀。随着高炉的大型化和冶炼强度的提高，高炉喷粉量越来越大，与此同时，鼓风强度也随之增大。这就使整个炉温处于较高水平，炉身下部金属和铁渣的熔融物不断冲刷和侵蚀炉衬。因而由非炭基耐火材料砌筑的炉衬寿命较短。为改变这种情况，高炉炭块应运而生。

高炉炭块以煅烧无烟煤、冶金焦为主要原料，有时也加入一定量的沥青焦、石墨化冶金焦和石墨碎块，以煤沥青为黏结剂，经筛分、配料、混捏、成型、焙烧和机械加工而成。

（3）电炉炭块。电石炉、铁合金炉、石墨化炉等的炉底、炉缸、炉墙也用炭块砌筑。生产电炉炭块的原料及工艺与高炉炭块完全相同。其质量指标为：灰分不大于8%，抗压强度不小于30MPa，孔隙率不大于25%。

### 6.2.4　碳纳米管

碳纳米管作为纳米材料，重量轻，六边形结构连接完美，具有许多异常的力学、电学和化学性能。近些年随着碳纳米管及纳米材料研究的深入，其广阔的应用前景也不断地展现出来。

#### 6.2.4.1　结构

碳纳米管，又名巴基管，是一种具有特殊结构（径向尺寸为纳米量级，轴向尺寸为微米量级，管子两端基本上都封口）的一维量子材料。碳纳米管主要由呈六边形排列的碳原子构成数层到数十层的同轴圆管。层与层之间保持固定的距离，约 0.34nm，直径一般为 2～20nm。根据碳六边形沿轴向的不同取向，碳纳米管可以分成锯齿形、扶手椅形和螺旋形三种。

### 6.2.4.2　性能

碳纳米管具有良好的力学性能，抗拉强度达到 50～200GPa，是钢的 100 倍，而密度却只有钢的 1/6，至少比常规石墨纤维高一个数量级；它的弹性模量可达 1TPa，与金刚石的弹性模量相当，约为钢的 5 倍。对于具有理想结构的单层壁的碳纳米管，其抗拉强度约 800GPa。碳纳米管的结构虽然与高分子材料的结构相似，但其结构却比高分子材料稳定得多。碳纳米管是目前可制备出的比强度最高的材料。若将其他工程材料为基体与碳纳米管制成复合材料，可使复合材料表现出良好的强度、弹性、抗疲劳性及各向同性，给复合材料的性能带来极大的改善。

碳纳米管的硬度与金刚石相当，但却拥有良好的柔韧性，可以拉伸。在工业上常用的增强型纤维中，决定强度的一个关键因素是长径比，即长度和直径之比。材料工程师希望得到的长径比至少是 20:1，而碳纳米管的长径比一般在 1000:1 以上，是理想的高强度纤维材料。2000 年 10 月，美国宾州州立大学的研究人员称，碳纳米管的强度比同体积钢的强度高 100 倍，重量却只有后者的 1/7～1/6。碳纳米管因而被称为"超级纤维"。研究人员曾将碳纳米管置于 1011MPa 的水压下，由于巨大的压力，碳纳米管被压扁。然而撤去压力后，碳纳米管像弹簧一样立即恢复了形状，表现出良好的韧性。这启示人们可以利用碳纳米管制造轻薄的弹簧，用在汽车、火车上作为减振装置，能够大大减轻重量。此外，碳纳米管的熔点是目前已知材料中最高的。

碳纳米管具有良好的导电性能，由于碳纳米管的结构与石墨的片层结构相同，所以具有很好的电学性能。碳纳米管电导率通常可达铜的 1 万倍。

碳纳米管具有良好的传热性能，由于具有非常大的长径比，因而其沿着长度方向的热交换性能很高，相对的其垂直方向的热交换性能较低。通过合适的取向，碳纳米管可以合成各向异性的热传导材料。另外，碳纳米管有着较高的热导率，只要在复合材料中掺杂微量的碳纳米管，复合材料的热导率将会得到很大的改善。

碳纳米管还具有光学和储氢等其他良好的性能，正是这些优良的性质使得碳纳米管被认为是理想的聚合物复合材料的增强材料。

韩国科学技术院在半导体电路技术国际学会（ISSCC 2015）上，介绍了使用 CMOS 与碳纳米管制成的医疗用传感器。该传感器是在利用 0.35μm 工艺制造的 CMOS 晶圆上配置碳纳米管电极制成的。这种传感器的特点是不使用金属电极连接导线。导线主要用于与外部进行信号交换以及提供电源电压，而该传感器则是让笔式阅读器直接接触金属板上的传感器以加载电压，然后通过与笔式阅读器相连接的个人电脑和智能手机来读取测量结果。

### 6.2.4.3　制备

常用的碳纳米管制备方法主要有电弧放电法、激光烧蚀法、化学气相沉积法（碳氢气体热解法）、固相热解法、辉光放电法、气体燃烧法以及聚合反应合成法等。

### 6.2.5 碳分子筛

碳分子筛（CMS）是20世纪70年代发展起来的一种新型吸附剂，实现工业化以来，得到迅速发展。碳分子筛是一种孔径分布比较均一，含有0.4～0.5nm超微孔结构的特种活性炭。因其孔径只有分子大小，故具有分子筛的作用。

#### 6.2.5.1 碳分子筛的结构特点

CMS与传统的吸附剂相比，主要区别在于其孔隙结构：CMS主要由微孔及少量大孔组成，孔径分布较窄，在0.5～1.0nm，而普通活性炭（AC）除微孔外，还有大量的中孔和大孔，平均孔径高达2nm。CMS的孔为狭缝形，而沸石分子筛（ZMS）的孔为墨水瓶形，孔口截面积一般为不规则的椭圆形。CMS与其他工业用粒状吸附剂的吸附特性比较见表6-3。

**表6-3 工业用粒状吸附剂的一般特性**

| 粒状吸附剂 | 碳分子筛 | 活性炭 | 沸石分子筛 | 硅胶 | 铝凝胶 |
| --- | --- | --- | --- | --- | --- |
| 真密度/g·cm$^{-3}$ | 1.9～2.0 | 2.0～2.2 | 2.0～2.5 | 2.2～2.3 | 3.0～3.3 |
| 颗粒密度/g·cm$^{-3}$ | 0.9～1.1 | 0.6～1.0 | 0.9～1.3 | 0.8～1.3 | 0.9～1.9 |
| 装填密度/g·cm$^{-3}$ | 0.55～0.65 | 0.35～0.6 | 0.6～0.75 | 0.5～0.6 | 0.5～1.0 |
| 孔隙率 | 0.35～0.42 | 0.33～0.45 | 0.32～0.4 | 0.4～0.45 | 0.4～0.45 |
| 孔隙容积/cm$^3$·g$^{-1}$ | 0.5～0.6 | 0.5～1.1 | 0.4～0.6 | 0.3～0.8 | 0.3～0.8 |
| 比表面积/m$^2$·g$^{-1}$ | 450～550 | 760～1500 | 400～750 | 200～600 | 150～350 |
| 平均孔径/nm | 0.4～0.7 | 1.2～2.0 | — | 2.0～12.0 | 4.0～15.0 |

#### 6.2.5.2 碳分子筛的主要成分及应用

碳分子筛的主要成分为元素碳，外观为黑色柱状固体。其因含有大量微孔，且该微孔对氧分子的瞬间亲和力较强，可用来分离空气中的氧气和氮气。碳分子筛制氮量大，氮气回收率高，使用寿命长，适用于各种型号的变压吸附制氮机，是变压吸附制氮机的首选产品。碳分子筛空分制氮已广泛地应用于石油化工、金属热处理、电子制造、食品保鲜等行业。

此外，CMS还可用于从富氧气体中浓缩回收氩，从焦炉气、高炉气、重整废气或氨分解等气体中回收精制氢，分离矿井气中的甲烷和$CO_2$，以及从燃烧烟气中回收高纯度$CO_2$等。

#### 6.2.5.3 碳分子筛的工作原理

碳分子筛是利用筛分的特性来达到分离氧气、氮气的目的。在分子筛吸附杂质气体时，大孔和中孔只起到通道的作用，将被吸附的分子运送到微孔和亚微孔中，微孔和亚微孔才是真正起吸附作用的容积。碳分子筛内部包含有大量的微孔，这些微孔允许动力学尺寸小的分子快速扩散到孔内，同时限制大直径分子的进入。由于不同尺寸的气体分子相对扩散速率存在差异，气体混合物的组分可以被有效地分离。因此，在制造碳分子筛时，根据分子尺寸的大小，碳分子筛内部微孔分布应在 0.28 ~ 0.38nm。在该微孔尺寸范围内，氧气可以快速通过微孔孔口扩散到孔内，而氮气却很难通过微孔孔口，从而达到氧、氮分离。微孔孔径大小是碳分子筛分离氧、氮的基础，如果孔径过大，氧气、氮气分子都很容易进入微孔中，起不到分离的作用；而孔径过小，氧气、氮气都不能进入微孔中，也起不到分离的作用。

国产分子筛由于受条件限制，对孔径大小控制的不是很好。市面上销售的碳分子筛微孔孔径分布在 0.3 ~ 1nm，只有岩谷分子筛做到了 0.28 ~ 0.36nm。

### 6.2.5.4　碳分子筛制备方法

**A　制备使用的原材料**

制备碳分子筛使用的原材料主要包括有机高分子聚合物（酚醛树脂、聚糖醇、聚偏二氯乙烯、聚乙烯醇/酚醛树脂等）、各种煤（泥炭、褐煤、烟焊、元烟煤等）、植物类（木材、椰子壳等）、煤衍生物（煤加氢液化产物、煤低温干馏半焦、煤超临界萃取残渣等）。

**B　生产工艺**

第一步先将原料经加工后粉化，然后与基料糅合。基料主要是增加强度，防止破碎粉化的材料。第二步是活化造孔，在 600 ~ 1000℃温度下通入活化剂。常用的活化剂有水蒸气、二氧化碳、氧气以及它们的混合气。它们与较为活泼的无定形碳原子进行热化学反应，以扩大比表面积，逐步形成孔洞，活化造孔时间从 10 ~ 60min 不等。第三步为孔结构调节，也是关键的一步。当孔径过小时，用气体活化法扩孔，利用化学物质的蒸气，如苯在碳分子筛微孔壁进行沉积来调节孔的大小。当孔径过大时用热收缩法在 1200 ~ 1800℃煅烧，使孔径收缩；也可用堵孔法减小孔径，包括气相附着法和浸渍覆盖法，使之满足要求。

**C　制取方法的分类**

（1）热分解法：树脂在适当条件下炭化制得。

（2）活化法：煤或树脂的炭化物在严密条件下，低程度活化，扩大其中的微孔。

（3）涂层法：活性炭或炭化物中加沥青或树脂后进行热处理，然后由热解炭涂层微孔，使孔径缩小。

（4）沉积法：在含苯之类的烃类气体中，热处理活性炭，通过烃气体的分解析出热解炭缩小孔径。

（5）热收缩法：将煤、树脂的炭化物、活性炭等在 1000℃以上高温热处理，通过热收缩，缩小孔径。

### 6.2.5.5　前景

长期以来，碳分子筛是日本和德国垄断的产品，2000 年以前国内 80% 的份额被他们占有，国际市场上更是如此。碳分子筛技术通过长兴化工厂引进国内，国内碳分子筛厂家主要分布在长兴、宣城等地（长兴化工厂发展出来的几个主要厂家）。2000 年以来，以宣城市永明新材料等公司为代表的一些主要厂家通过不断改进创新，国产碳分子筛的性能得到了长足的发展，另外由于国内产品的价格优势，国产分子筛逐步抢占了大部分市场份额，但要想在这个行业做大做强，必须自主创新，提高产品性能指标，打破技术贸易壁垒。

　　近几年发展中国家对碳分子筛的需求量更是突飞猛进，每年以成倍的速度增长。2013年国际上碳分子筛总需求量在数十万吨以上。未来几年，碳分子筛产品将向高指标、高强度、高堆密度方向发展，低指标低档次的产品将会被淘汰，空分设备将趋向小型化，对分子筛行业提出了更高的要求，因此如抓住当前的良好时机，扩大生产，逐步改变国际国内对于中国产碳分子筛低价低质的认识，迅速抢占国内国际市场，将有可能在几年内成为行业领军者。

## 习　题

6-1　名词解释
　　活性炭，针状焦
6-2　简答题
　　(1) 简述煤制活性炭的分类和结构。
　　(2) 简述煤制活性炭的制备方法及工艺。
　　(3) 活性炭常用的调孔方法有哪些？
　　(4) 活性炭再生的方法有哪些？
　　(5) 简述针状焦的生产工艺。
　　(6) 简述碳纳米管的性能。
6-3　技能操作
　　绘制针状焦的生产工艺流程。

# 煤炭的清洁开采技术

## 7.1 概述

煤炭的清洁开采技术是指煤炭在开发和利用过程中旨在减少污染与提高利用效率的加工、燃烧、转化及污染控制等技术的总和，是煤炭作为一种能源达到最大限度潜能的利用，而使释放的污染控制在最低水平，达到煤炭高效、洁净利用的技术。其中与煤炭开采关系最大的是土地保护和固体废弃物（煤矸石）、废水、废气排放标准。

煤炭生产中实现环境保护目标、达到规定标准的途径主要有两方面：一是减少煤炭开采过程中对环境的污染；二是污染后及时加以治理。

### 7.1.1 采煤方法分类

我国煤炭资源分布广泛，赋存条件各异，开采地质条件复杂多样，因此形成了多样化的采煤方法。我国使用的采煤方法有50多种，是世界上采煤方法种类最多的国家。

煤炭开采方法总体上可分为露天开采和井工开采（也称作矿井开采）两种方式。露天开采是煤层上覆岩层厚度不大，采用直接剥离煤层上覆岩层后进行煤炭开采的采煤方法。其特点是将采掘空间直接敞露于地表，为了采煤需剥离煤层上覆及其四周的岩土。矿井开采是从地面开掘井筒（硐）到地下，通过在地下煤岩层中开掘井巷，在煤层中设置采场采出煤炭的开采方式。我国主要采用矿井开采，通常按采场布置特征不同，矿井开采可分为壁式体系采煤法和柱式体系采煤法两大类。

#### 7.1.1.1 壁式体系采煤法

壁式体系采煤法以长壁工作面采煤为主要特征，是我国普遍应用的一种采煤方法，国有重点煤矿95%以上的工作面采用壁式开采。

A 壁式体系采煤法的主要特点

（1）在采煤工作面两端至少各布置一条巷道，构成完整的生产系统。

（2）采煤工作面长度较长，一般在80～200m，随着开采技术发展和采掘机械设备能力提高，目前已有长度在300m以上的采煤工作面。

（3）采煤工作面可分别采用爆破、滚筒式采煤机或刨煤机破煤和装煤，用全部垮落法或充填法处理采空区。

（4）随着采煤工作面的推进，矿山压力显现较为强烈。

B 壁式体系采煤法的类型

（1）按煤层倾角分：缓倾斜煤层采煤法、倾斜煤层采煤法、急倾斜煤层采煤法。

（2）按煤层厚度分：薄煤层采煤法、中厚煤层采煤法、厚煤层采煤法。

（3）按工作面布置方式和推进方向不同分：走向长壁采煤法、倾斜长壁采煤法。

（4）按工作面采煤工艺不同分：爆破采煤法、普通机械化采煤法、综合机械化采煤法。

（5）按采空区处理方法不同分：全部垮落采煤法、煤柱支撑采煤法、充填采煤法。

（6）按煤层开采方式不同分：整层采煤法和分层采煤法。整层采煤法又分为单一长壁采煤法、放顶煤采煤法、掩护支架采煤法；分层采煤法又分为倾斜分层采煤法、水平分层采煤法、斜切分层采煤法、水平分段放顶采煤法。

### 7.1.1.2　柱式体系采煤法

柱式体系采煤法又称为短臂体系采煤法，是以平行开掘多条巷道（煤房）出煤为主，留设煤柱支撑顶板，间隔采煤。它主要分为房式、房柱式两大类。房式采煤法是以开煤房（巷）出煤为主，留置的煤柱不再回收；房柱式采煤法是先开煤房（巷）出煤，最后依次回收留置的煤柱。

柱式体系采煤法的特点是：采煤工作面一般为 10 ~ 30m，工作面数目较多；工作面内煤的运输方向垂直于煤壁；生产过程中无采空区处理工序；工作面通风条件差。

柱式体系采煤法的适用条件是：煤层倾角小、围岩稳定、瓦斯涌出量低、无自然发火倾向的薄及中厚煤层。

## 7.1.2　煤炭开采对环境的污染及破坏

21 世纪以来，我国煤炭开发利用量以年均 2 亿 t 的速度增长，2011 年已突破 35 亿 t，占世界的 45% 左右。煤炭的大规模开发利用带来了严峻的生态环境破坏和污染物排放问题，对可持续发展和人身健康构成了严重的威胁。

（1）煤矿地下开采引起地表塌陷和土地挖损。据统计，全国因采煤区地表塌陷造成的土地破坏总量达 40 万公顷以上，开采万吨原煤所造成土地塌陷面积平均达 0.20 ~ 0.33 公顷，每年因采煤破坏的土地以 3 万 ~ 4 万公顷的速度递增，这一问题在粮食和煤炭复合主产区显得尤为突出。2010 年底，全国采煤塌陷面积累计达 55 万 ~ 60 万公顷，直接经济损失约数十亿元。煤炭开采造成矿区土地塌陷，占用耕地，诱发滑坡、垮塌等地质灾害和水土流失，迁村移民等一系列生态与社会问题。

（2）产生废水、废石、瓦斯等排放。随着煤炭生产量的快速增长，生产加工中产生的煤矸石、矿井水和瓦斯等大量排放，对矿区生态、大气环境造成一定的危害。

1）矿井水。矿井水由伴随开采而产生的地表渗透水、岩溶水、矿坑水以及生产、防尘用水等组成，是煤矿排放量最大的一种废水，对地表河流等水资源产生较大的污染。到 2015 年，全国煤矿矿井水排放量将达 71 亿 $m^3$，利用量 54 亿 $m^3$，利用率提高到 75%；同期，新增矿井水利用量 18 亿 $m^3$，加上非煤矿山新增矿井水利用量约 5 亿 $m^3$，全国新增矿井水利用量约 23 亿 $m^3$。矿井水中普遍含有以煤粉和岩粉为主的悬浮物以及可溶性的无机盐类，矿化度较高，且常呈酸性。煤矿用水泵将矿井水排至地面，一方面对地表河流等水资源产生严重的污染，另一方面，也破坏了地下水的循环系统，常导致矿区水位下降，造成部分地区人畜饮水困难，农业生产受到影响。

2）煤矸石。煤矿生产过程中产生的固体废物主要是煤矸石（露天矿主要是岩土剥离物），其来源于井下巷道掘进、煤层夹矸和采煤机割顶（板）刨底（板）。

数据显示，2013 年我国煤炭产量约 37 亿 t，较 2005 年增长近 70%；同年煤矸石排放总量达到 7.5 亿 t，较 2005 年增长近 1 倍；预计 2015 年煤矸石排放量将接近 8 亿 t，累计堆存量 45 亿 t，形成的煤矸石山 2600 多座，占地 1.3 万公顷。尚未利用部分大多进入排矸场安全处置。小煤矿的煤矸石基本上既没得到利用，也未进行安全处置，大多随处弃置，排入外环境。

3）瓦斯。瓦斯是煤层形成过程中产生的以甲烷、一氧化碳、硫化氢为主的气体。煤炭生产过程中释放的瓦斯对大气环境的温室效应产生严重影响，而且其浓度的提高会造成对流层中的臭氧增加，平流层中的臭氧减少，导致照射到地球的紫外线增加，诱发皮肤癌等疾病。

国家《煤层气（煤矿瓦斯）开发利用"十二五"规划》明确提出，到 2015 年末，煤层气（煤矿瓦斯）产量 300 亿 $m^3$，其中地面抽采 160 亿 $m^3$，井下抽采 140 亿 $m^3$，这不仅对区域环境造成严重影响，同时也是煤矿安全生产的最大隐患。

4）粉尘。煤矿综采工作面、机掘工作面和运输转载点等生产过程产生的粉尘污染，不仅给矿山带来安全隐患，给矿工身体健康带来严重的影响，同时粉尘排出地面也对大气环境造成污染。

此外，采煤引起的滑坡、泥石流、矸石山自燃等导致人员伤亡的现象也时有发生。

## 7.2　煤炭清洁开采技术的途径与措施

### 7.2.1　减少煤炭开采时的排矸量

#### 7.2.1.1　改革巷道布置，减少井下岩石巷道掘进量

煤矿生产过程中排放的矸石，主要来源是岩石巷道掘进，它与矿井开拓系统和采煤巷道布置紧密相关。从矿井开拓与巷道布置着眼，本着"多做煤巷、少做岩巷"的原则，可从总体上消除或大量减少矸石的排放量，提高煤炭质量，改善矿区环境。

（1）采取煤巷开拓方式，减少岩巷数量。从减少污染的角度考虑，积极发展少开岩巷的矿井开拓与巷道布置以及与其相适应的煤巷掘进和支护技术，特别是煤层大巷的布置和维护技术。

美国、澳大利亚、南非等国家的各大中小煤矿几乎都采用多煤巷并行的开拓方式，许多煤矿甚至直接从煤层地表露头沿煤层边开拓回采，很快收回矿井建设投资。德国许多矿井已取消了排矸系统。

（2）利用自然边界划分矿井和采区，减少煤中矸石的混入。划分矿井和采区要充分利用自然边界。开拓巷道沿自然边界（断层带、变薄带、火成岩侵入带、高灰分煤层）掘进，采区内就可尽量避免这些地质构造，以利掘进和回采时少破岩，减少煤中矸石的混入。另外，采区布置也要尽量避开地面河流、构筑物、铁路、桥涵、村庄等保护煤柱，既有利于工作面回采，也有利于地面环境的保护。

（3）采用煤层集中巷，取消岩石集中巷。对于煤层群联合布置的采区巷道，如采区上山和区段集中巷等，应尽量布置在煤层中。特别是在机械化高强度开采情况下，一个矿一个采区一个工作面（"三一"矿井），工作面高速推进，同时开采的煤层只有一个，采区

集中巷失去作用，使矿井、采区的开拓部署和巷道布置系统更加简单。国内外许多在建和改扩建的新老矿井的设计都已采用这一新技术。

### 7.2.1.2 选择合适的采煤方法和生产工艺

采煤方法的选择是煤矿开采设计的重要内容，它直接影响矿井生产原煤的质量和地面的环境。根据煤层赋存的自然条件和生产的技术条件，在安全、高产高效、低成本、低消耗和高回收率的原则下，择优选择采煤方法和生产工艺，可以更好地进行煤炭的清洁开采。

（1）加大采高，实现煤层全厚开采，减少煤炭回采过程中混入矸石量。近年来，对 5~10m（甚至更厚）的特厚煤层，广泛应用放顶煤技术开采。先在煤层底部用长壁工作面采出 2.5m 左右的厚度，其上部煤在矿压作用下松散垮落在支架的后部，通过支架放煤口将煤由后部输送机运出。这种采煤方法进一步简化了特厚煤层的开采工艺，实现了全厚开采，高产高效，技术经济效益显著。

放顶煤采煤法要配以合适的放煤工艺，否则不但顶煤放不净，工作面采出率过低，而且会放出大量顶板垮落的矸石，混入煤中增加原煤含矸率。我国放顶煤采煤技术发展较快的矿区如阳泉、潞安等，在实践中创造了不少符合当地条件的合理放煤工艺，实现了采放平行作业，有效地提高了工作面的采出率，降低了原煤的含矸率，使放顶煤采煤技术更加完善。

（2）合理分层。对层厚在 3.5~5.0m 的倾斜和急倾斜厚煤层，可采用分层开采（见图 7-1）。厚煤层采用分层开采时，合理分层能减少煤中的矸石混入量，提高原煤质量。因此，开采厚煤层时，应根据煤层柱状图和开采条件、夹石层的位置、各层的煤质情况以及顶底板条件，综合研究确定分层界限及分层采厚，做到既考虑开采工艺的经济合理，又保证不降低煤质。当煤层中夹石层厚度超过 0.3m 又不能进行分层开采时，应实行煤岩分采。煤岩分采适用于爆破采煤工艺。其回采程序是先爆破采出夹石层上部煤，并用临时支架管理暴露的顶板，然后剥采夹石层，并将其抛掷到采空区，最后采出下分层煤。架好永久支架，工作面完成一个采煤作业循环。煤岩分采时，工作面始终呈 2~3 个台阶状。

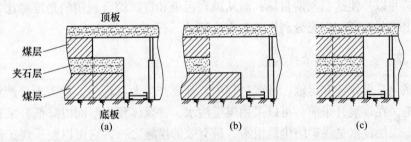

图 7-1 煤岩分层开采
（a）先采夹石层上部煤层；（b）剥采夹石层；（c）采出下部煤层

（3）留顶（或底）煤开采。当煤层有破碎且难以维护的伪顶或直接顶时，在工作面可实行留顶煤回采。这在解决了工作面顶板控制的同时，也避免了伪顶或破碎顶板冒落混入煤中恶化煤质。在底板松软的情况下，为防止支柱钻底或采煤机啃底降低煤质，在工作面要采用留底煤的方法回采。

如果煤层顶部或底部煤质很差，为保证原煤的灰分不超标，实践中也常采用留顶煤或底煤回采，将劣质煤直接舍弃于采空区。

（4）利用矸石充填井下巷道。矸石不出井，实际上就是通过各种手段，将巷道掘进过程中产出的矸石就地处理于井下。通常采用的方法是宽巷掘进、沿空留巷、矸石充填等。宽巷掘进广泛用于薄煤层采煤巷道。在半煤岩巷掘进时，开挖的宽度大于巷道宽度。巷道掘出的矸石通过人工或机械充填于巷道一侧或两侧被挖空的煤层空间中和支架壁后。这不仅使煤岩分掘，而且矸石不出井就地处理。

### 7.2.2　减少井下废气和粉尘污染的措施

#### 7.2.2.1　有害气体抽放与利用

煤炭开采中，有害气体主要是来自煤层及围岩中释放出的煤层气（即瓦斯气）以及煤岩层爆破过程中排放的有害气体等。气体成分主要有 $CO$、$CO_2$、$CH_4$、$SO_2$、$NO_2$、$H_2S$、$NH_3$ 等。矿井有害气体不仅对煤矿安全生产危害大，污染矿井空气，而且通过矿井通风排出地表，污染大气环境。矿井瓦斯气中含有可利用的可燃成分 $CO$、$CH_4$ 等，将井下瓦斯抽取与地面煤层气开采有机地结合起来，实现煤与瓦斯共采，为煤炭的清洁开采服务。有效地进行井下瓦斯抽放和地面煤层气开发，是煤与瓦斯共采的关键技术问题。煤与瓦斯共采的技术途径主要有以下几种：

（1）采前抽采。在开采前将煤层内瓦斯抽出，可以有效地甚至是大幅度地减少生产中瓦斯的涌出量。这不仅是确保安全生产的重要技术措施，也是减轻矿井排放废气对环境污染的重要途径。但由于我国大部分煤体透气性差，在本层内抽采瓦斯有难度。

（2）煤与瓦斯共采。煤层开采后围岩压力降低，大量瓦斯在采空区释放，创造瓦斯抽采的好机遇，从而形成煤与瓦斯共采体系。

（3）废弃矿井抽采瓦斯。鉴于废弃矿井煤层经过采动而充满瓦斯，因而可以利用采动后岩体内裂隙场的分布及钻孔，将瓦斯抽排管装在井下，封闭井口后，抽出瓦斯。

（4）回风井回收瓦斯。从通风安全的角度考虑，可以不对抽放出来的瓦斯加以利用，只要排至矿井以外便达到预期目标；而从减轻污染和资源综合利用的角度考虑，则必须强调对抽放出来的瓦斯加以充分利用，变害为利。

#### 7.2.2.2　矿井粉尘防治技术

在机械化采掘作业和运输、转载过程中，都要产生大量粉尘，危害十分严重。为了减少粉尘污染，在煤炭开采前，可以采用煤层注水，将煤体预先湿润以降低开采过程中粉尘量的产生。煤层注水是煤矿防尘最根本、最有效的措施之一，它可以使采煤工作面各工艺环节的产尘浓度降低 60%~85%。煤层注水包括打钻、封孔和注水三个过程。

采煤工作面是煤矿产尘量最大的作业场所，其产尘量约占矿井产尘量的 60%。采煤工作面的降尘方法，包括采煤机径向雾屏降尘和高压外喷雾降尘等。采用高压喷雾或高压水辅助截割降尘技术，可有效控制采煤机截割时产生的粉尘，同时也可降低截齿摩擦产生火花引燃瓦斯、煤尘爆炸的危险性。

掘进巷道也是井下主要产尘源之一。在掘进工作面，主要采用内外喷雾相结合的方法降低掘进机截割部的产尘量和蔓延到巷道的悬浮粉尘。另外，通过粉尘净化、通风除尘、泡沫除尘、声波雾化降尘等综合措施，取得了显著的降尘效果。

### 7.2.3　减轻地表沉陷的开采技术

#### 7.2.3.1　采空区充填开采法

向采空区内充填废石或河砂是抵制煤层顶板和上覆岩层的下沉和冒落，大幅度减轻地表沉陷的最有效方法。用充填材料来充填采空区，相当于降低了煤层开采的强度，从而减少了采空区上覆岩层的变形与破坏，但在生产中要增加一套充填系统，充填成本较高。

（1）主要充填方法。充填开采技术先后经历了废弃物干式充填阶段、水砂充填阶段、细砂胶结充填阶段和以高浓度充填、膏体充填、块石砂浆胶结充填、全尾矿胶结充填等新技术为代表的现代充填采矿阶段，取得了显著的经济和社会效益。近年来，许多学者把应用在金属矿山中比较成熟的膏体充填以及其他现代充填方法应用于煤矿充填开采，但由于存在技术工艺复杂和成本过高等问题，其推广应用受到很大限制。

（2）矸石充填开采方法。利用煤矿固体废弃物充填采空区的矸石充填开采方法，无论是从减轻开采沉陷破坏方面，还是从减少固体废弃物排放和煤炭资源浪费方面来考虑，都是比较好的一种清洁开采方法。煤矿矸石充填开采方法主要有矸石自溜充填、矸石简易机械充填、矸石风力充填和人工矸石充填四类。矸石自溜充填只能在急倾斜煤层中应用。矸石风力充填对充填系统、设备和充填料的要求比较高，适用范围较小。

#### 7.2.3.2　局部开采法

为减轻由于煤层开采产生的地表沉陷，在开采技术上可以采取减少采出煤炭、对采空区加以充填的措施，在开采方法上有房柱式开采、条带开采、分层间歇开采、限厚开采和协调开采等。这些方法都可以大幅度地减轻和控制矿区地表沉陷，有利于环境和地面建筑设施的保护，但以牺牲一定煤炭资源或增加较大投入为代价。

（1）房柱式开采。房柱式（或房式）采煤方法是将被开采的煤层划分为10m左右宽的煤房和煤柱，煤房宽度略大于煤柱，开采煤房，部分开采或保留煤柱，使留下的煤柱支撑顶板和上覆岩层，地表只产生较小的移动和变形。只要房柱尺寸选得合适，地表不会出现波浪形下沉盆地，而是出现单一平缓的下沉盆地。它所引起的地表移动与变形值，大体相当于长壁工作面采煤的1/6～1/4，地表移动持续的时间也缩短一半左右。

（2）条带开采。条带开采方法是将被开采煤层划分为若干个条带，采一条，留一条。该方法与房式、房柱式开采相似，同属于部分开采方法，都是部分采出地下煤炭资源，而保留一部分煤炭资源，以煤柱的形式支撑上覆岩层，控制地表沉陷。

条带开采与房式、房柱式开采方法的差异主要是工作面布置和回采工艺不同。房式、房柱式属于短壁工作面开采体系，配置连续采煤机等装备进行回采；条带开采属于长壁工作面开采体系，由于推进距离短，搬家倒面频繁，影响机械化程度的提高，目前我国主要采用炮采。

条带开采可以减轻和控制地表沉陷，但造成较大的煤炭资源损失，并给工作面生产带来一定困难。采用冒落条带法开采时采深一般小于400m，采厚6m以下，采出率一般为

40% ~78%，地表下沉系数一般小于0.2。

（3）分层间歇开采。厚煤层倾斜分层或水平分层开采时，可把分层之间开采的间隔时间加长，使覆岩层的破坏高度减小，破坏状态均衡，以防止或减轻不均衡破坏对地表建筑物、水体的影响。对于厚松散层下浅部煤层或基岩厚度较小的开采条件，分层间歇开采的效益更为明显。

（4）限厚开采。限厚开采是根据矿区地形、水文地质条件和建（构）筑物抗变形能力，以不产生地表积水和满足建（构）筑物所要求的保护等级为依据，确定可开采的煤层厚度。仅回采这一厚度的煤，其余各煤层均不开采，以实现减少地表下沉和保护地面建（构）筑物及土地的目的。该技术采出率低，仅在薄煤层中有一定的应用价值。

（5）协调开采。厚煤层分层开采时，合理设计各工作面的开采间距、相互位置与开采顺序，使开采一个煤层（工作面）所产生的地表变形和开采另一个煤层（工作面）所产生的地表变形相互抵消或部分抵消，以减少采动引起的地表变形，保护地面建（构）筑物。该技术要保持一定的错距，组织生产难度较大。

（6）离层带高压注浆减沉技术。井下采煤破坏了地下原岩应力平衡，引起采场围岩活动，随着开采面积的增大，岩层移动逐步向上发展直到地表，岩层间形成不同程度的离层。通过向开采煤层上覆岩的离层带内打孔并向其中高压注入泥浆，可以减缓地表下沉。充填材料可利用电厂粉煤灰和经粉碎的矸石，可达到减少矸石或粉煤灰堆放和减少地表下沉的双重效果。采用该项技术要求合适的煤层地质条件，并需配备必要的附加设备。

### 7.2.4　减少水污染及排放的开采技术

#### 7.2.4.1　保水开采

保水开采技术是指在煤炭开采过程中不影响地下水或者虽然有下降漏斗但是随着雨水的补给还能恢复的开采技术。实现采煤保水的途径有两个：一是合理选择开采区域；二是采取合理的采煤方法和工程措施。在保水开采研究中应当注意以下问题：

（1）保水开采与防止溃水是两个概念。后者是从安全角度考虑，而保水开采则必须研究开采前后岩层的水文地质变化。

（2）在我国西部地区必须研究采动覆岩内是否有隔水层，开采对地表和地下水系的破坏在降雨后能否恢复，能否再造相应的隔水层。

（3）地下水的利用是减轻和修复开采对水资源破坏的重要途径。

采动形成的导水裂隙对煤系含水层形成自然疏干过程，地下水位能否恢复，决定于上覆岩层中是否有可再生的隔水层。因此，研究采动基岩和隔水层的移动规律，揭示导水裂隙形成规律和采动隔水层的稳定性是实现保水开采的基础。研究在开采后上覆岩层的破断规律和地下水漏斗的形成机理，以及各种地质条件下开采期间岩层活动与地下水渗漏的关系，从采矿方法、地面注浆等方面采取措施，可实现矿井水资源的保护和综合利用。

#### 7.2.4.2　矿井水分类排放

矿井井下排水主要由井下涌水、井下喷雾降尘洒水等采煤生产废水组成，其中60%为岩溶水。岩溶水多为未被污染的地下水，基本上符合生活用水标准，有的还含有多种有益微量元素，可开发加工制作矿泉水；与其他矿井水分开排放，则不会造成对环境的污染，并可以利用。

井下涌水流经采煤工作面会受到煤尘及岩尘的污染，使井下排水中的悬浮物含量增高，因此井下实行清污分流措施，可以将采空区洁净的岩溶水单独收集后直接利用。目前许多矿井将这部分水利用后用于井下消防洒水，既减少了矿井水排放到地面的提升处理费用，又节约利用了水资源。因此，矿井在规划设计时就要充分考虑到井下清污分流，最大限度地减少污染矿井水的排放量。

大中型矿井中的采煤机、转载机、掘进机等使用的液压油、齿轮油，液压支架使用的乳化油，若管理不善会产生泄漏，并随矿井水排至地面，污染环境。为此，应采取如下措施：一是加强对设备的管理；二是完善各类用油设备的密封性能，防止漏油；三是研究开发水介质单体液压支柱，不使用乳化油。对于井下防火灭火的灌浆水和水砂充填处理采空区的充填废水，可在井底硐室处理后循环使用。

### 7.2.4.3 水采矿井的闭路循环

水力采煤是利用高压水射流直接破落煤体，或辅以其他助采措施，并借助水力来完成全部或部分运输提升工序的机械化开采工艺。在井下中央硐室采用斜管沉淀仓对采区分级脱水后的煤泥水进行进一步净化处理。大部分煤泥水经净化后在井下供采掘用水循环使用，只有少部分经过浓缩后的高浓度煤泥水用小流量高扬程煤泥泵排至地面送入选煤厂或脱水厂处理。

目前推广的经济型水采工艺或区域化水采工艺所采用的煤泥水处理系统都是按闭路循环设计的。经济型水采以水采煤泥水浓缩、澄清、排送和水的循环复用为核心。根据实际条件，煤泥水浓缩、澄清可以利用地面已有设施，也可在井下重建。澄清水的复用可以形成地面-井下循环，也可以在井下形成循环。区域化水采是在旱采矿井的某一区域或某一水平单独实行水采，并实现采区脱水、浓缩、澄清。处理后的原煤统一纳入原旱采矿井的运输系统，澄清后的水循环使用。

为了减少水采矿井的基建投资，提高企业效益，在有选煤厂的水采矿井，地面脱水系统都与选煤厂相结合，把水采煤泥水纳入选煤厂的浮选系统，采用斜管沉淀技术和压滤机，实现选煤厂洗水闭路循环，使选煤厂排放的水达到国家标准要求。

## 7.2.5 其他清洁开采技术

（1）煤炭地下气化技术。煤炭地下气化是将地下煤炭通过热化学反应在原地转化为可燃气体。这是目前较理想的煤炭清洁开采技术，也是对传统采煤方式的根本性变革。煤炭地下气化不仅极大地减少了井下工程及艰苦作业，而且消除了煤炭开采对环境的污染和煤炭燃烧对生态环境的危害。

（2）废弃井巷利用技术。煤矿开采规模大，矿井数目多，一批老矿井衰老报废，遗弃许多井下空间，如井下回采工作面、各类巷道、井硐以及报废硐室。这类井下空间多数布置在岩层中，保存完好，维护费用低，可以作为工业废弃物如矿渣、粉煤灰、地面生活垃圾焚烧灰，甚至部分经过地面预处理的工业危险性废物的贮存场。同时，煤矿围岩中结晶岩、黏土岩和泥质页岩具有良好的地质屏障作用，渗透性小、围岩稳定，是工业废弃物安全填埋的良好场地。

（3）改革煤矿支护技术，降低坑木消耗。我国国有重点煤矿几十年来不断采取新的支护技术，开发新的支护材料代用坑木，使坑木消耗逐年大幅度下降。但由于煤炭产量的增加，坑木总消耗量并没有显著减少，整个国家木材总量的 1/3 都消耗在煤矿上。因此，降低坑木消耗是我国煤炭生产的主要课题之一。

降低坑木消耗的主要措施是在煤矿推广应用新的支护装备和技术。在综采机械化工作面应用快速液压支架，高档普采工作面推广单体液压支柱；经济实力较差的地方煤矿、乡镇煤矿推广摩擦支柱；有条件的巷道推广锚杆支护技术。同时，应积极发展各种形式的坑木代用品，节约木材、钢材，减轻环境负担。

## 习　题

7-1　名词解释

　　煤炭清洁开采技术，条带开采

7-2　简答题

　　（1）简述采煤方法分类。

　　（2）简述煤炭清洁开采的主要途径和措施。

　　（3）简述煤炭开采活动对环境造成的污染和破坏。

　　（4）减轻地表沉陷的开采方法技术有哪些？

　　（5）减少井下废气和粉尘污染的措施有哪些？

# 参 考 文 献

[1] 郝临山, 彭建喜. 洁净煤技术[M]. 2版. 北京: 化学工业出版社, 2010.

[2] 贺永德. 现代煤化工技术手册[M]. 2版. 北京: 化学工业出版社, 2004.

[3] 张鸣林. 中国煤的洁净利用[M]. 北京: 化学工业出版社, 2007.

[4] 姚强, 陈超. 洁净煤技术[M]. 北京: 化学工业出版社, 2005.

[5] 毛健雄, 毛健全, 赵树民. 煤的洁净燃烧[M]. 北京: 科学出版社, 1998.

[6] 周安宁, 黄定国. 洁净煤技术[M]. 徐州: 中国矿业大学出版社, 2010.

[7] 王庆. 我国煤粉锅炉直流与旋流燃烧器的发展概况及特点分析[J]. 长沙大学学报, 2008 (3): 40 – 43.

[8] 付长亮. 现代煤化工生产技术[M]. 北京: 化学工业出版社, 2009.

[9] 陶有俊, 刘炯天. 流膜分选技术研究与应用进展[J]. 选煤技术, 2006, 10 (5): 42 – 46.

[10] 彭建喜, 贺建忠. 洁净煤技术[M]. 北京: 煤炭工业出版社, 2011.

[11] 吴占松, 马润田, 赵满成. 煤炭清洁有效利用技术[M]. 北京: 化学工业出版社, 2007.

[12] 倪小明, 谭猗生, 韩怡卓. 二氧化碳催化转化的研究进展[J]. 石油化工, 2005, 34 (6): 505 – 512.

[13] 高晋生, 鲁军, 王杰. 煤化工过程中的污染与控制[M]. 北京: 化学工业出版社, 2010.

[14] 申树芳, 王换荣. 二氧化碳的排放与分离控制技术简介[J]. 化学教学, 2008, 2: 72 – 73.

[15] 俞珠峰. 洁净煤技术发展及应用[M]. 北京: 化学工业出版社, 2004.

[16] 葛岭梅. 洁净煤技术概论[M]. 北京: 煤炭工业出版社, 1997.

[17] 文敏, 杨金和, 詹隆. 煤矿废弃物综合利用技术[M]. 北京: 化学工业出版社, 2011.

[18] 金嘉璐, 俞珠峰, 王永刚. 新型煤化工技术[M]. 徐州: 中国矿业大学出版社, 2008.

[19] 陈家仁. 煤炭气化的理论与实践[M]. 北京: 煤炭工业出版社, 2007.

[20] 许振刚, 曲思健. 中国洁净煤技术[M]. 北京: 煤炭工业出版社, 2012.

[21] 陈官兴, 陶昆. 采煤概论[M]. 徐州: 中国矿业大学出版社, 2007.

[22] 柴伟东, 韩万林, 林松舒. IGCC整体煤气化联合循环[J]. 汽轮机技术, 2003 (4): 196 – 197.

[23] 崔秀玉, 雷晓平, 杨向福. 浅谈中国水煤浆技术的开发与应用[J]. 洁净煤技术, 2002 (4): 13 – 16.

[24] 顾念祖. 燃煤电厂脱硫的现状分析和防治对策[J]. 热能动力工程, 2000 (2): 91 – 92.

[25] 梁晓平, 苏成德. 粉煤灰综合利用现状及发展趋势[J]. 河北理工学院学报, 2005, 27 (3): 148 – 150.

[26] 梁兴, 詹隆, 王国房. 水煤浆制备工艺的应用与发展[J]. 煤炭加工与综合利用, 2006 (5): 51 – 54.

[27] 廖洪强, 李文, 孙成功. 煤热解机理研究新进展[J]. 煤炭转化, 1996, 19 (3): 1 – 8.

[28] 岑可法, 姚强, 骆仲泱. 燃烧理论与污染控制[M]. 北京: 机械工业出版社, 2004.

[29] 王敦曾. 选煤新技术的研究与应用[M]. 修订版. 北京: 煤炭工业出版社, 2005.

[30] 项光明, 姚强, 何苏浩. 烟气脱硫技术的研究进展[J]. 中国煤炭, 2002 (2): 39 – 42.

[31] 朱宝忠, 谢承卫. 煤矸石综合利用的研究进展[J]. 贵州大学学报 (自然科学版), 2007, 24 (5): 520 – 524.

[32] 李昌贤, 秦廷武. 煤制活性炭[M]. 北京: 煤炭工业出版社, 1993.

[33] 李芳芹. 煤的燃烧与气化手册[M]. 北京: 化学工业出版社, 1997.

[34] 张振勇. 煤的配合加工与利用[M]. 徐州: 中国矿业大学出版社, 2000.

[35] 李瑛, 王林山. 燃料电池[M]. 北京: 冶金工业出版社, 2000.

[36] 陈鹏. 中国煤炭性质、分类和应用[M]. 北京：化学工业出版社，2001.

[37] 谢广元. 选矿学[M]. 徐州：中国矿业大学出版社，2001.

[38] 吴式瑜，岳胜云. 选煤基本知识[M]. 北京：煤炭工业出版社，2003.

[39] 舒歌平，煤炭液化技术[M]. 北京：煤炭工业出版社，2003.

[40] 郝临山，彭建喜. 水煤浆制备与应用技术[M]. 北京：煤炭工业出版社，2003.

[41] 赵跃民. 煤炭资源综合利用手册[M]. 北京：科学出版社，2004.

[42] 骆仲泱，王勤辉，方梦祥. 煤的热电气多联产技术及工程实例[M]. 北京：化学工业出版社，2004.

[43] 李赞忠，乌云. 煤液化生产技术[M]. 北京：化学工业出版社，2009.

[44] 唐宏青. 现代煤化工新技术[M]. 北京：化学工业出版社，2012.

## 冶金工业出版社部分图书推荐

| 书　名 | 作　者 | 定价(元) |
|---|---|---|
| 冶金通用机械与冶炼设备(第2版)(高职高专教材) | 王庆春 | 56.00 |
| 矿山提升与运输(第2版)(高职高专教材) | 陈国山 | 39.00 |
| 煤矿钻探工艺与安全(高职高专教材) | 姚向荣 | 43.00 |
| 煤矿安全监测监控技术实训指导(高职高专教材) | 姚向荣 | 22.00 |
| 粉煤灰利用分析技术(高职高专教材) | 胡小龙 | 20.00 |
| 粉煤灰提取氧化铝生产(高职高专教材) | 丁亚茹 | 20.00 |
| 高职院校学生职业安全教育(高职高专教材) | 邹红艳 | 22.00 |
| 冶金企业安全生产与环境保护(高职高专教材) | 贾继华 | 29.00 |
| 矿山安全与防灾(高职高专教材) | 王洪胜 | 27.00 |
| 锌的湿法冶金(高职高专教材) | 胡小龙 | 24.00 |
| 液压气动技术与实践(高职高专教材) | 胡运林 | 39.00 |
| 数控技术与应用(高职高专教材) | 胡运林 | 32.00 |
| 冶金工业分析(高职高专教材) | 刘敏丽 | 39.00 |
| 工程材料基础(高职高专教材) | 韩佩津 | 29.00 |
| 现代转炉炼钢设备(高职高专教材) | 季德静 | 39.00 |
| 炼钢厂安全生产知识(行业培训教材) | 邵明天 | 29.00 |
| 冶金煤气安全实用知识(行业培训教材) | 袁乃收 | 29.00 |
| 起重与运输机械(高等学校教材) | 纪　宏 | 35.00 |
| 煤化学产品工艺学(第2版)(本科教材) | 肖瑞华 | 46.00 |
| 煤化学(本科教材) | 何选明 | 39.00 |
| 固体废物处置与处理(本科教材) | 王　黎 | 34.00 |
| 环境工程学(本科教材) | 罗　琳 | 39.00 |
| 控制工程基础(高等学校教材) | 王晓梅 | 24.00 |
| 现代矿山生产与安全管理 | 陈国山 | 33.00 |
| 重力选煤技术 | 杨小平 | 39.00 |
| 连铸保护渣技术问答 | 许英强 | 20.00 |